HYDROGRAPHIE ET OROGRAPHIE

DU

SAHARA ALGÉRIEN

PAR

G. ROLLAND

INGÉNIEUR AU CORPS DES MINES

EXTRAIT DU BULLETIN DE LA SOCIÉTÉ DE GÉOGRAPHIE

(2ᵉ trimestre 1886)

PARIS

SOCIÉTÉ DE GÉOGRAPHIE

BOULEVARD SAINT-GERMAIN, 184

1886

HYDROGRAPHIE ET OROGRAPHIE

DU

SAHARA ALGÉRIEN

PAR

G. ROLLAND

INGÉNIEUR AU CORPS DES MINES

EXTRAIT DU BULLETIN DE LA SOCIÉTÉ DE GÉOGRAPHIE

(2ᵉ trimestre 1886)

PARIS

SOCIÉTÉ DE GÉOGRAPHIE

BOULEVARD SAINT-GERMAIN, 184

1886

HYDROGRAPHIE ET OROGRAPHIE

DU

SAHARA ALGÉRIEN

PAR

G. ROLLAND

Ingénieur au Corps des mines

En 1880, j'ai fait partie de la mission transsaharienne de Laghouat-El Goléa-Ouargla-Biskra, dirigée par M. l'ingénieur en chef Choisy[1], mission dans laquelle j'étais chargé de la géologie, de l'hydrologie et de la météréologie.

A la suite de cette mission et d'autres voyages entrepris ultérieurement par moi au Sahara, j'ai publié, dans divers recueils, les résultats de mes observations sur la géologie du Sahara algérien, et plusieurs essais de coordination sur la constitution du Sahara en général.

J'ai cru intéressant, dégageant ces travaux de la partie purement géologique, d'en présenter brièvement ici les conclusions principales, relativement aux systèmes orographiques et à la géographie physique du Sahara.

En effet, quand on étudie les divers terrains qui constituent le sol d'un pays, la disposition des couches et la composition des étages géologiques, les phénomènes d'érosion ou de désagrégation, etc., on est amené à des considérations instructives sur les différents types de régions naturelles et

---

1. M. Choisy avait sous ses ordres : MM. Barois, ingénieur des ponts et chaussées, et Rolland, ingénieur des mines; M. le docteur H. Weisgerber; M. Jourdan, garde-mines principal (décédé au retour), et MM. Descamps et Pech, chefs de section au cadre auxiliaire des chemins de fer de l'État; enfin M. le lieutenant Massoutier (aujourd'hui capitaine), sous la direction duquel était placée la caravane.

leur répartition, sur la configuration physique de la surface, sur les reliefs, leurs formes et leurs caractères, leur groupement et leur coordination, etc. Nulle part, d'ailleurs, ces relations entre la géologie et la géographie physique n'apparaissent aussi clairement qu'au Sahara, où le sol étant généralement dépourvu de terre végétale, les terrains constituants se montrent à nu.

D'un autre côté, on comprend toute l'importance pratique des études hydrologiques dans ces régions sahariennes, où l'eau joue un rôle capital, en raison même de sa rareté.

Malgré la sécheresse de son climat et l'aridité de sa surface, le Sahara ne laisse pas que posséder des lignes d'eaux superficielles et des nappes d'eaux souterraines, les unes et les autres parfois même abondantes.

A ce point de vue, bien qu'ayant été surtout conduit, par la nature de mes recherches, à étudier le régime des eaux souterraines, je n'ai pu négliger les lignes d'eaux superficielles, et je me suis proposé de présenter également ici, comme complément à l'aperçu orographique, un exposé général des systèmes hydrographiques du Sahara algérien.

Et même, c'est l'étude hydrographique qui me servira de fil conducteur pour l'étude orographique : passant en revue les vallées, j'arriverai tout naturellement à parler des reliefs qui les bordent et les séparent.

Le présent travail est loin, d'ailleurs, d'avoir la prétention de rivaliser de détails avec les descriptions qui ont paru dans ce *Bulletin* sur telle ou telle région.

J'ai eu spécialement en vue le Sahara algérien. Quand je devrai en sortir, je serai aussi bref que possible.

En terminant, je dirai quelques mots des ressources du Sahara en eaux souterraines.

Une carte était nécessaire pour l'intelligence de l'exposé

qui suit. On trouvera ci-joint une nouvelle édition, revue et complétée, de la carte géologique du Sahara, à l'échelle du 1/5 000 000, que j'ai déjà présentée à la Société géologique de France[1]. Elle va de l'Atlas au Ahaggar et du Maroc à la Tripolitaine, d'une part, du 35° au 24° de latitude, et, d'autre part, du 6° de longitude ouest au 13° de longitude est[2].

Cette carte étant la première de ce genre qui ait paru sur ces vastes régions est forcément assez sommaire. Elle est même très sommaire au point de vue géographique, mais c'est surtout une carte géologique.

C'est, en même temps, une carte de géographie physique; car les diverses formations géologiques qu'elle indique correspondent, en grand, à différentes régions naturelles, caractérisées par leur sol, leur relief, etc.

Dunes de sable[3] (*Oughroud, Areg, Siouf*[4]). — Formation aérienne, de l'époque actuelle.

Alluvions quaternaires et Terrain saharien ou *Atterrissements sahariens* [5]. — Ces dépôts, d'âge géologique récent,

---

1. *Bulletin de la Société Géologique de France*, 3ᵉ série, t. IX, 1881.

2. Pour dresser cette carte, j'ai reporté directement et agencé convenablement une série d'itinéraires et de documents, itinéraires Barth et Overweg, Duveyrier, Rholfs, Nachtigal, Galliffet, Choisy, Flatters, etc., et, de plus, j'ai consulté les cartes les plus récentes, cartes de Castries, Niox, etc. Je dois aussi certaines indications inédites à l'obligeance du commandant de Lannoy de Bissy.

La carte n'ayant en vue que le Sahara, j'ai laissé l'Atlas en blanc, sauf le long de sa lisière méridionale.

3. G. Rolland. — *Les grandes dunes de sable du Sahara*, in *la Nature*, 3 juin et 8 juillet 1882.

4. *Ghourd*, haute dune isolée; plur. *Oughroud*, chaîne de dunes. — *Erg*, veine; plur. *Areg*, grande dune fixe. — *Sif*, plur. *Siouf*, longue arête de dune, en forme de tranchant de sabre.

5. G. Rolland. — *Terrains de transport et terrains lacustres du bassin du chott Melrir* (Association française pour l'avancement des sciences, Congrès de Blois, 1884). — *La mer saharienne*, in *Revue scientifique*. 6 décembre 1884.

La grande formation que j'englobe sous la dénomination de *terrain saharien*, formation récente au point de vue géologique, d'âge quaternaire sont constitués par des grès et des sables quartzeux, et aussi par des marnes et des argiles. A eux seuls, ils recouvrent environ la moitié de la surface du Sahara. Ils occupent les grandes dépressions et les régions relativement basses, lesquelles sont, toutefois, notablement plus élevées que le niveau de la mer (sauf le cas particulier des chotts situés à l'ouest de Gabès). Ils comprennent les terrains de *Chott*, de *Sebkha*, de *Daya* et d'*Oued*, les terrains de *Nebka*, de *Haoud* et de *Reg*, et une première catégorie de *Hamada*[1]. Certaines parties offrent des sols cultivés ou cultivables, des lignes d'eau superficielles et des nappes d'eau souterraines : c'est là que se trouvent les pays d'oasis et les contrées susceptibles dedéveloppement.

Terrains crétacés supérieurs et terrains crétacés moyens[2]. — Ces deux étages géologiques donnent lieu dans le Sahara septentrional, ainsi que je l'ai indiqué, à deux étages orographiques, à deux plateaux superposés, que limitent respectivement deux séries de falaises concentriques. Les *Hamada* de cette seconde catégorie, constitués généralement par des calcaires durs, polis et souvent tout à fait nus, représentent le vrai désert, et n'offrent aucune ressource, sauf quelques maigres oasis au fond des *Chebka*[3].

ancien ou plutôt pliocène, est celle sur laquelle il a été si souvent discuté, pour savoir si elle était d'origine marine, ou non. Dans les publications citées, j'ai exposé pourquoi et comment cette formation ne devait pas être considérée comme déposée par une mer saharienne récente, mais, au contraire, représentait des atterrissements continentaux (terrains de transport et terrains lacustres), déposés par des eaux diluviennes.

1. *Chott*, Étang salé, — *Sebkha*, bas-fond salé et humide. — *Daya*, dépression fermée et humide. — *Oued*, cours d'eau, vallée, etc. — *Nebka*, terrain de sable mi-meuble et légèrement vallonné. — *Haoud*, dépression sableuse et fermée, entre des gour ; *Gara*, plur. *Gour*, témoin rocheux isolé, en saillie à la surface du sol, à tête plate. — *Reg*, terrain de sable ferme, avec ou sans gravier, généralement plat. — *Hamada*, plateau rocheux.

2. G. Rolland. — *Sur le terrain crétacé du Sahara septentrional*, in *Bulletin de la Société géologique de France*, 3ᵉ série, t. IX, 1881.

3. *Chebka*, filet, réseau enchevêtré de vallées entaillant le hamada.

Terrains dévoniens[1]. — *Hamada* d'une troisième catégorie, ou *Tassili*; plateaux en grès durs et noirs, également stériles.

Granite, Gneiss et micachistes[2]. — Massifs *montagneux*.

Basaltes[3]. — Pitons, coulées et massifs *volcaniques*.

Préliminaires sur les divers types de régions naturelles du Sahara.

Le Sahara algérien présente trois types principaux de régions naturelles : les plateaux calcaires en relief, les dépressions sableuses ou argileuses, les dunes de sable.

Les plateaux ou *hamada* calcaires, qui sont formés par les terrains d'âge crétacé, plateaux rocheux, sans terre végétale, sans eau, offrent, entre tous, un aspect stérile et désolé. Ils s'étendent sur des espaces immenses dans le Sahara septentrional. Ils semblent horizontaux à l'œil; de fait, ils ont des pentes très faibles : en grand, ils figurent de larges ondulations, et, en détail, une série de bossellements sans loi.

Certains autres hamada crétacés du Sahara septentrional présentent aussi des grès, par exemple, en Tripolitaine.

Par place, les hamada crétacés sont entaillés par des *oueds* ou vallées, souvent profondes; celles-ci peuvent s'entrecroiser et former des réseaux enchevêtrés : elles donnent lieu alors à des régions désignées sous le nom caractéristique de *chebka*, filet; au milieu des vallées se dressent çà et là des *mehasser*, témoins à tête plate de la formation encaissante, et sur le plateau, des *gour*, témoins, également à tête plate, de l'étage superposé et enlevé par les érosions.

1, 2 et 3. — J. Roche. — *Rapports géologiques*, insérés dans les *Documents relatifs à la mission dirigée au sud de l'Algérie par le lieutenant-colonel Flatters*, 1884.

Enfin les plateaux crétacés se terminent par de grandes lignes de falaises, au profil accentué, couronnées par des *kef* ou rochers abrupts, souvent assez importants pour recevoir le nom de chaîne de montagne, *Djebel*.

Les grands bassins que figurent les ondulations des plateaux crétacés, sont occupés par des terrains de nature toute différente et d'âge beaucoup plus récent, appartenant à ce qu'on appelle la formation des atterrissements sahariens.

On peut dire que les terrains crétacés forment l'ossature du Sahara septentrional : non seulement ils constituent les parties en relief de son orographie générale, mais encore ils règnent avec continuité en profondeur, sous les atterrissements, qui, dans certaines régions, les recouvrent comme d'un manteau, sur des épaisseurs très considérables, et garnissent les pentes et les parties basses des grandes dépressions.

Les régions d'atterrissement présentent surtout des grès et des sables quartzeux; cependant leur surface est souvent masquée par une croûte calcaire ou gypso-calcaire, sorte de carapace, laquelle donne lieu à une catégorie spéciale de *hamada* rocailleux.

Le manteau des atterrissements sahariens est lui-même entaillé par des *oueds*, et présente des zones d'érosion parsemées de *gour* en saillie, ou accompagnées de terrasses étagées de graviers et de sables; dans les régions les plus basses, se trouvent de vastes plaines tapissées de limon.

Si l'on jette les yeux sur la carte géologique ci-jointe, on voit que, au milieu du Sahara algérien, les plateaux crétacés occupent une bande nord-sud, large d'un degré et demi en longitude : relief calcaire, séparant deux grands bassins d'atterrissements sableux, à l'est, le bassin du chott Melrir, à l'ouest, le bassin du Gourara, lesquels correspondent aux deux grands bassins hydrographiques que nous décrirons plus loin.

La même carte montre comment les plateaux crétacés forment, dans l'est et le sud du Sahara algérien, et dans le Sahara tripolitain et tunisien, une ceinture large et continue, qui entoure le bassin d'atterrissement du chott Melrir, et qui embrasse ainsi une surface aussi grande que la France entière. Tout autour, ces plateaux sont en pente vers l'intérieur du bassin, de sorte qu'ils figurent une immense cuvette, laquelle a donné lieu, d'abord, au bassin d'atterrissement, puis au bassin hydrographique actuel.

Les terrains sableux et marneux qui constituent le bassin d'atterrissement même, s'étendent dans le sud de la province de Constantine et de la Tunisie, sur une longueur de près de 700 kilomètres du nord au sud, et sur une largeur d'environ moitié de l'est à l'ouest. Ils sont également en pente, tout autour, vers l'intérieur du bassin.

On sait que toute la partie septentrionale de cette vaste dépression fermée se trouve à des altitudes fort peu élevées : Ouargla est déjà à moins de 200 mètres ; l'Oued Rir' et le Souf sont à moins de 100 mètres ; le chott Melrir même est au-dessous du niveau de la mer ; plus au nord, la plaine qui s'élève en pente douce vers la lisière méridionale des montagnes de l'Atlas n'atteint que des altitudes de 120 mètres à 250 mètres le long de cette lisière, au pied des monts du Zab, du grand massif du Djebel Aurès et du massif annexe des Nememcha. C'est pourquoi cette partie du Sahara algérien qui s'étend au sud de la province de Constantine, a pu être appelée le bas Sahara.

Par opposition, la désignation de haut Sahara peut s'appliquer à la partie du Sahara algérien qui s'étend dans le sud des provinces d'Alger et d'Oran. Mais ici, il y a lieu de distinguer deux catégories distinctes de régions naturelles. A l'est, ce sont les plateaux calcaires du Mzab à El Goléa, constituant les reliefs rocheux que nous venons de signaler au milieu du Sahara algérien, plateaux qui sont en pente générale vers le sud-est, et dont les crêtes sont à des altitudes de 450 à 700 mètres. A l'ouest, ce sont des plaines avec terrains de sables ou de limons; ces plaines s'élèvent doucement vers le nord-ouest, depuis la lisière occidentale des reliefs précédents, au travers du Sahara orano-marocain, jusqu'à la lisière méridionale de cette partie de l'Atlas, laquelle présente des altitudes de 800 mètres à 950 mètres, au pied du massif du Djebel Amour et de son prolongement vers la région dite des Ksour. En outre, le haut Sahara comprend, au nord du Mzab, la région dite des *daya*, qui figure une sorte de détroit d'atterrissement, reliant les deux bassins d'atterrissement de l'est et de l'ouest, et dont les altitudes atteignent 930 mètres, et, de plus, au delà vers le nord-est, le plateau d'El Djourf, en calcaires crétacés.

Un autre type de région naturelle est représenté par les grandes dunes de sable du Sahara, dont la carte indique les principaux groupes entre l'Atlas et le Ahaggar.

Les dunes de sable, loin de constituer le vrai désert, n'occupent guère qu'un neuvième de la surface du Sahara. C'est dans le Sahara septentrional qu'elles forment les accumulations les plus considérables.

Les principaux groupes de dunes ont été indiqués par M. Duveyrier. Le mieux connu est le groupe de l'Erg, situé dans le Sahara algérien, et se divisant en Erg oriental et Erg occidental. L'Erg est continué vers le sud-ouest, dans le Sahara marocain, par le groupe des dunes d'Iguidi. Au sud-est, il est séparé du groupe d'Edeyen par le Hamada de Tinghert et le Hamada El Homra.

L'Erg oriental et l'Erg occidental sont respectivement en relation avec les bassins d'atterrissement du chott Melrir, à l'est, et du Gourara, à l'ouest, et se trouvent situés dans chacun de ces bassins en amont des bas-fonds eux-mêmes. Notre mission a reconnu que ces deux massifs de dunes sont distincts, que la zone intermédiaire offre seulement quelques chaînes isolées, et qu'elle correspond à l'interposition de la bande saillante et nord-sud de plateaux crétacés, qui sépare, ainsi que nous avons dit, les deux bassins, au milieu du Sahara algérien, et qui se poursuit, au sud, en s'élargissant, jusqu'au Tidikelt.

La superficie de l'Erg est évaluée à 12 millions d'hectares. Ces évaluations sont généralement exagérées. Les sables ne recouvrent pas entièrement les espaces immenses qui sont marqués en dunes sur les cartes, forcément sommaires pour des contrées aussi lointaines. En réalité, là où des voyageurs ont passé, ils ont constaté que les grandes dunes forment des chaînes allongées et distinctes, rectilignes ou courbes, entre lesquelles apparaît fréquemment le terrain sous-jacent. Les sillons qui les séparent, ou les cuvettes qu'elles entourent, peuvent avoir plusieurs kilomètres de largeur. Ces chaînes de sable offrent des pics, des cols, etc.; les plaines, vallées, enceintes intermédiaires sont fréquemment barrées par leurs ramifications ou par des séries de veines de sable transversales et parallèles. Les sables constituent ainsi des sortes de massifs montagneux, fort accidentés. La hauteur de ces accumulations de sable au-dessus du sol ne dépasse généralement pas 150 à 200 mètres; mais, dans certaines régions, elle atteint des chiffres plus élevés : les plus hautes dunes de l'Erg oriental, au sud-est de ce groupe, non loin de Ghadamès, auraient, d'après M. Largeau, jusqu'à 500 mètres et davantage. On verra sur ma carte un essai de représentation sommaire des chaînes de dunes de l'Erg oriental[1].

1. D'autre part, j'ai constaté en plusieurs endroits qu'on avait marqué en dunes, sur les cartes, des alluvions de sables quartzeux presque meubles, comme il en abonde au Sahara. Cependant la confusion n'est pas permise : les sables de ces alluvions sont grossiers, mêlés de graviers de quelques centimètres et parsemés de cristaux de gypse; si faible que soit, par place, leur cohésion, ils sont toujours plus ou moins agglutinés par un ciment gypso-calcaire, qui souvent les encroûte; leur surface est irrégulière, avec dépression et monticules informes, sans aucune loi.

Au contraire, la vrai dune est caractérisée par l'uniformité de sa com-

La direction d'une chaîne ou d'un chaînon n'a rien de commun avec l'orientation des dunes élémentaires, qui font saillie à sa surface. La première est fixe; la seconde varie avec le vent, et ces variations donnent lieu, en outre, à des enchevêtrements, à des formes complexes et souvent bizarres, avec contours parfois hardis, toujours harmonieux.

Dans les chaînes que j'ai vues au Sahara, la hauteur des dunes élémentaires faisant saillie au milieu d'une chaîne, ne dépasse généralement pas une vingtaine de mètres. Exceptionnellement je citerai, à une journée au sud d'El Goléa, le piton de sable du Guern El Chouff[1], formé par une seule dune, haute de 70 mètres, et, non loin de lui, le piton de Guern Abd el Kader, isolé aussi et plus élevé encore.

Je me permettrai de renvoyer au travail spécial que j'ai publié sur la question des dunes du Sahara[2], et me bor-

position et par la régularité géométrique de ses formes. Ses sables, accusant un triage et un classement bien plus parfaits, sont exclusivement quartzeux, en grains roulés et polis, de moins d'un millimètre en moyenne, les mêmes sensiblement du haut à la base de la dune; individuellement hyalins ou légèrement colorés en jaune rougâtre par des traces ferrugineuses, il prennent en masse une teinte d'or mat, magnifique au soleil du Sahara. Les monticules de sable affectent les mêmes formes extérieures, les mêmes modes d'orientation et de groupement que sur nos côtes, et l'on peut dire que les dunes de Gascogne donnent une image, pâle et réduite, il est vrai, des grandes dunes du Sahara.

On connaît la forme type de la dune de sable : un monticule dissymétrique, avec une croupe allongée et inclinée en pente douce du côté d'où vient le vent, un talus raide et légèrement concave du côté opposé, et, à l'intersection des deux surfaces, une arête vive, transversale et courbée en croissant. On sait que le sable, poussé par le vent, gravit la pente antérieure, s'élève jusqu'au sommet, et de là retombe suivant le talus postérieur ; c'est ainsi que, sous l'action du vent, on voit les petites dunes avancer, en roulant sur elles-mêmes.

Les dunes élémentaires se groupent, et leurs groupements constituent des mamelons dont les formes sont moins définies, mais rappellent plus ou moins la dune type. Dans les grands massifs eux-mêmes, on distingue, en général, un versant doux et un versan raide.

1. *Guern*, sommet, corne.

2. *Société géologique*, 3ᵉ série, t. X, 1881; — *Revue scientifique*, mai 1881; — la *Nature*, juin et juillet 1882.

nerai à en rappeler ici les conclusions principales. Les dunes de sable du Sahara sont de formation contemporaine, et leur formation se poursuit sous nos yeux. Les massifs de dunes sont en relation avec les régions constituées par des terrains sableux et par des grès de désagrégation facile, surtout avec les régions d'atterrissement et d'alluvions, où se trouve leur principal gisement. Leurs éléments proviennent de la désagrégation lente, mais continue, de ces terrains sous les influences atmosphériques. En l'absence d'humidité et de végétation, rien ne fixe les matériaux ainsi rendus libres et meubles, lesquels sont intégralement livrés à l'action du vent : c'est en quoi le climat saharien joue un rôle décisif dans la formation des dunes. Le vent opère ensuite le triage et le classement des éléments désagrégés ; il roule les grains de quartz à la surface du désert, et, à certains endroits déterminés, les amoncelle en dunes : ces amoncellements de sables sont entièrement son œuvre. Les chaines des dunes se trouvent surtout en relation avec le relief du sol ; dans certaines régions, l'on voit de grandes chaînes de dunes bien distinctes et nettement limitées aux accidents topographiques, dont elles épousent les directions et dont dépend même leur orographie. Les grandes dunes ne sont pas mobiles sous l'action du vent qui les a formées, et l'ouragan le plus violent ne les remue que sur une bien faible épaisseur [1]. La fixité des grandes dunes du Sahara n'exclut pas la circulation de sables à leur surface, et n'est elle-même pas absolue : il y a un va et vient du pulvérulin sableux, qui balaye sans cesse le désert entre les dunes ; mais, en fin de compte, ces

---

1. Un vent suffisamment prolongé oriente et fait peu à peu rouler, suivant sa direction, les petites dunes ayant 10 mètres au maximum ; mais comme, au désert, les vents changent avec les saisons, il y a ensuite recul, et ces mouvements inverses s'équivalent à peu près, de sorte qu'en fin de compte, il n'y a guère de déplacement.

Quant aux grandes dunes, leur masse est à peu près immobile, et leur couverte seule se déplace sous l'action du vent. Le vent n'a pour ainsi dire que le temps d'orienter les dunes élémentaires ; puis il change, les échanges ne s'équivalent pas, et il y a transport vers l'est et le sud, dans le Sahara algérien, du moins, ainsi que le prouvent les dispositions des grandes dunes par rapport aux centres de désagrégation [1]. De fait, les grandes dunes marchent, dans leur ensemble, vers le sud-est, mais très lentement[2]; de plus, la désagrégation suivant son cours, la masse totale des sables augmente, et c'est vers l'est et le Sud des divers groupes que l'accroissement atteint son maximum : ce double phénomène de progression est, d'ailleurs, peu sensible dans la durée d'une génération.

J'ajouterai quelques mots sur les divers types de régions naturelles du Sahara central.

Quand on quitte les plateaux de calcaires crétacés du Sahara septentrional, et que, se dirigeant au sud, on remonte le versant qui s'élève doucement vers le massif montagneux

écrète, retourne le pic, les modèle à nouveau, etc. Pour les dunes plus importantes et pour les groupes de dunes, l'orientation peut varier suivant l'époque, d'autant moins d'ailleurs qu'il s'agit d'un amas plus considérable; pour les grandes dunes proprement dites, elle ne fait qu'osciller plus ou moins autour d'une certaine résultante des vents; enfin pour les grands massifs, elle est à peu près constante, l'*oudje* du même côté et dans le même sens (*oudje*, talus raide des grandes dunes).

1. L'Erg occidental empiète à l'est sur la région des terrains crétacés, et lance le long des escarpements et des vallées les ramifications dont nous parlerons. L'Erg oriental est nettement reporté vers l'est et le sud du bassin d'atterrissement du chott Melrir; à l'est, au delà du Souf, les grandes dunes se poursuivent sur le plateau crétacé de la Tripolitaine; au sud, elles vont jusqu'à El Biodh, où elles atteignent leur hauteur maxima; enfin, dans l'Oued Rir' et à Ouargla, c'est par l'ouest et par le nord que les oasis sont envahies par les sables.

Il est intéressant d'observer que les vents cités souvent comme dominants au Sahara, savoir les vents de l'est et du sud, ne sont pas, en tout cas, ceux qui ont le plus d'action sur les sables. Il est naturel, ajouterai-je, que ces vents, dits *siroco*, prenant les dunes à rebours et les écrètant, soulèvent de grandes quantités de poussières.

2. Cette marche, presque nulle pour certaines chaînes, est d'autant plus sensible que le dépôt des sables dépend moins du relief sous-jacent. Les exemples d'avancement rapide, pour des dunes de quelque importance, sont fort rares et tout à fait locaux.

des Touaregs, on trouve des reliefs orographiques de nature différente.

On rencontre d'abord des terrains de grès noirs, généralement très durs, appartenant à une formation géologique d'âge dévonien. Ces grès sont disposés en couches très épaisses et constituent un puissant ensemble. Ils offrent une pente générale, d'ailleurs très faible, vers le nord, et donnent lieu à un nouveau système de plateaux, dont les altitudes croissent lentement vers le sud. Ils se trouvent fréquemment découpés en massifs distincts, couronnés par des plates-formes et limités par des flancs abruptes; dans certaines régions, ce ne sont que des îlots épars, émergeant au milieu des plaines, et parfois ces îlots alignés figurent des chaînes, semblables à des squelettes décharnés.

A l'ouest, la même formation de grès dévoniens contourne le Sahara algérien, remonte l'Oued Messaoura vers le nord-ouest, et se développe au delà, dans le Maroc, à la surface du Sahara septentrional, jusqu'à l'océan Atlantique.

Les plateaux de grès dévoniens sont presque aussi nus que les plateaux de calcaires crétacés; ils reçoivent tantôt le nom arabe de *Hamada*, tantôt le nom berbère de *Tassili*.

Poursuivant plus au sud, sur le même versant du Sahara central, on trouve ensuite des roches de granite, de gneiss et de micaschistes ; ces terrains dits cristallins anciens constituent les derniers contreforts avant le Ahaggar, tout le pâté montagneux du Ahaggar lui-même, jusqu'à ses cîmes, et aussi, très probablement, son versant méridional. Ce sont alors de véritables massifs de montagnes, avec chaînes et pics, crêtes aux profils dentelés, etc.

Quant aux terrains sableux d'atterrissement, ils sont également fort développés dans le Sahara central, et l'on voit sur la carte géologique qu'ils occupent des plaines basses, des zones allongées, mais souvent très larges, séparant les reliefs orographiques, ceux-ci en terrains crétacés, dévoniens et cristallins.

On peut dire que les dépôts des atterrissements sahariens et des alluvions plus récentes sont distribués, en grand, conformément aux divisions hydrographiques actuelles.

Il reste enfin à signaler les roches volcaniques et les volcans récemment éteints que le Sahara présente en des régions assez diverses. Nous citerons, dans le Sahara septentrional, les volcans à cratères, encore parfaitement conservés, qu'Overneg a décrits près de Tripoli, et, dans le Sahara central, ceux que M. Duveyrier a indiqués sur les sommets du Ahaggar et du Tassili des Azdjer, ainsi que les coulées de basalte que Roche a découvertes au fond des vallées de l'Eguéré. Notons également, au sud-est du Hamada el Homra, le grand massif volcanique du Djebel es Soda.

Les volcans du Sahara étaient en activité pendant les temps quaternaires proprement dits, c'est-à-dire à l'époque géologique qui a précédé immédiatement l'époque actuelle.

Préliminaires sur les lignes d'eaux superficielles du Sahara.

D'une manière générale, les lignes d'eaux superficielles du Sahara comprennent non seulement le réseau hydrographique des vallées proprement dites, mais encore tout ce que les Sahariens entendent par *Oued*, terme qui signifie, à la fois, cours d'eau, vallée avec ou sans thalweg, et, par extension, toute dépression allongée, offrant quelque humidité et quelque végétation.

Les vallées du Sahara, bien que sèches en apparence, possèdent d'ordinaire un écoulement au travers des sables et des graviers qui garnissent leur lit. Leurs eaux sont ainsi protégées contre l'évaporation si active de la surface, et, suivant le degré d'imperméabilité de la cuvette même du lit, continuent plus ou moins loin leur cours, avant d'être finalement absorbées par le sous-sol. Ces eaux fil-

ent dans les nombreux puits, profonds seulement de
uelques mètres, que les indigènes ont creusés le long des
ueds. Par place, elles sont partiellement ramenées au jour
u moyen de barrages, et captées pour les irrigations des
asis. Enfin elles entretiennent une certaine humidité et,
ar suite, une certaine végétation, et les pâturages que les
ueds offrent souvent aux nomades, contrastent avec la sté-
ilité environnante du désert.

L'importance des vallées, envisagées comme lignes d'eau,
diffère beaucoup suivant qu'il s'agit de vallées dont l'origine remonte jusque dans l'Atlas, ou de vallées dont le bassin se trouve tout entier dans le Sahara.

Les premières étant alimentées par les sources et les
pluies d'une région montagneuse, au climat relativement
tempéré, ont un débit continu et parfois notable ; vers la
fin de l'hiver et au printemps, lorsque les neiges fondent,
ou qu'il tombe de grandes pluies sur la montagne, elles
offrent des crues torrentielles, qui font irruption dans le
Sahara, où elles roulent au loin leurs eaux chargées de
limon. Tel est l'Oued Messaoura, le plus important des oueds
du Sahara, dont les eaux descendent des cimes les plus
élevées du grand Atlas marocain, et coulent à ciel ouvert,
pendant une partie de l'année, jusqu'à Igli, soit sur 300 kilomètres en plein Sahara, et parfois même, dit-on, après les
plus fortes pluies d'hiver, jusqu'au Touat, à 500 kilomètres
plus loin.

Les secondes, ne récoltant que les pluies accidentelles du
climat saharien, ont un débit relativement faible et parfois
presque nul, sauf quand leur bassin est assez étendu,
comme c'est le cas pour l'Oued Mya. De loin en loin, lorsque
surviennent des orages et des pluies torrentielles, les eaux,
ruisselant sur la surface généralement peu perméable du
sol, affluent dans les thalwegs, et ces vallées sèches offrent
alors, pendant quelques heures et sur quelques kilomètres
de longueur, le spectacle de fleuves impétueux.

Les surfaces du Sahara septentrional ne comportant guèr
que des plateaux uniformes et en pente douce, plateau:
crétacés et plateaux d'atterrissement, les vallées qui le sil
lonnent ne peuvent être mieux comparées, en général, qu'à
des gouttières entaillées dans ces plateaux. La plupart d
ces gouttières sont très nettes, avec des berges abruptes
souvent presque verticales. Certaines ne laissent pas qu
d'être importantes tant par leur hauteur que par leur largeur

Les oueds sahariens présentent couramment, le long d
leurs lits, des élargissements et des dépressions : après le
crues, l'eau se conserve plus ou moins longtemps dans ce
réservoirs naturels, dont le fond est alors tapissé d'argile
et forme des *r'dirs*.

Parmi les oueds sahariens, il en est d'une catégorie spécial
qui, bien que relativement peu nombreux, méritent d'êtr
notés, à cause de leur type dissymétrique. Ce sont les ligne:
d'eau, gouttières ou simples cordons d'alluvions, qui longen
le pied des falaises auxquels se terminent brusquement le
plateaux crétacés. Ces falaises, parfois élevées, tracent le
lignes de relief les plus saillantes du Sahara septentrional
Elles sont intéressantes au point de vue géologique, en c
qu'elles marquent les limites auxquelles se sont arrêtée
les érosions gigantesques dont les couches crétacées furen
l'objet, à l'époque antérieure à la nôtre, et il est naturel qu
postérieurement, lors du creusement des vallées actuelle
du Sahara, ces lignes de relief aient guidé le cours de
eaux, et donné lieu, quand la pente était suffisante, à de
érosions longitudinales et à des dépôts correspondants. Au
centre du Sahara algérien, se rencontre le plus remarquabl
des oueds de ce type, savoir l'Oued Loua, lequel longe l
pied de la grande falaise qui limite à l'ouest le plateau d
Mzab.

Enfin, outre les oueds, il est au Sahara une dernière sort
de lignes d'eaux superficielles, que nous ne saurions passe
sous silence : c'est la lisière des grandes dunes de sable.

En effet, les eaux de pluies ou les eaux d'oueds que les grandes dunes absorbent, ne s'évaporent plus ensuite, mais tamisent et s'écoulent vers le pied des massifs de sable, où règne généralement une certaine humidité, grâce à laquelle se développe une végétation spontanée, parfois luxuriante, fort recherchée des caravanes. De plus, on connaît, dans les régions de dunes, certaines dépressions, où l'on peut trouver de l'eau en creusant des puits en quelque sorte instantanés ainsi que nous l'avons fait à Mechgarden, à une journée au sud-est d'El Goléa.

Les vallées du Sahara algérien peuvent se diviser en deux systèmes hydrographiques principaux, lesquels appartiennent, d'une part, au grand bassin du chott Melrir, à l'est, d'autre part, au grand bassin de l'oued Messaoura, à l'ouest.

§ 1. — LE BASSIN HYDROGRAPHIQUE DU CHOTT MELRIR.

Le bassin oriental est fermé, et le chott Melrir en est le fond.

En grand, on peut dire que ce bassin est formé par l'immense cuvette que les plateaux crétacés figurent à l'est du Sahara algérien, cuvette que nous avons déjà signalée et que nous allons envisager rapidement (Voir la carte).

Son bord extérieur a été tracé avec une grande netteté par la nature. Il dessine un vaste quadrilatère.

A l'ouest, une ligne nord-sud, longue de 7° en latitude, à partir de laquelle les plateaux sont en pente vers l'est, va des environs de Laghouat (altitude d'environ 800 mètres) en s'abaissant vers El Goléa (altitude d'environ 450 mètres à la crête), et se poursuit jusqu'à In Salah (altitude du point culminant du Djebel Tidikelt, 350 à 400 mètres).

Au sud, une ligne ouest-est, longue de 13° en longitude, à partir de laquelle les plateaux sont en pente vers le nord, va en festonnant, mais sans varier notablement de niveau, d'In Salah à Timassinin, et, au delà, poursuit de même, mais en s'élevant légèrement, vers l'extrémité occidentale du Djebel es Soda (altitude du point culminant du Hamada el Homra, près de 600 mètres).

A l'est, une ligne sud-nord, longue de 4° en latitude, à partir de laquelle les plateaux sont d'abord horizontaux, puis en pente vers l'ouest, s'élève doucement vers Tripoli (altitude maxima, environ 900 mètres).

Au nord, le bord de la cuvette est plus complexe. Au nord-est, une ligne à partir de laquelle les plateaux sont en pente vers le sud-ouest, va, en s'abaissant, de Tripoli à Gabès, où le bord de la cuvette est, pour ainsi dire, ébréché, et se trouve presque au niveau de la mer. Puis c'est, de l'est à l'ouest, la lisière méridionale de l'Atlas, qui va, en s'élevant vers l'ouest-nord-ouest, de Gabès à Biskra (123 mètres), puis, vers l'ouest-sud-ouest, de Biskra à Laghouat (795 mètres) : lisière abrupte, le long de laquelle les couches géologiques, dirigées de l'ouest-sud-ouest à l'est-nord-est, suivant la direction qui préside systématiquement aux rides montagneuses de l'Atlas, plongent sous des angles très forts dans le Sahara, de manière à fermer la cuvette.

Cette cuvette se dédouble, et comprend, en réalité, deux cuvettes emboîtées l'une dans l'autre, et formées respectivement par la craie moyenne et par la craie supérieure.

Les deux cuvettes se recouvrent généralement. Cependant, au sud et à l'ouest, la cuvette inférieure s'avance autour de la cuvette supérieure et l'entoure d'une zone annulaire : les tranches des deux systèmes de couches dessinent alors, en plan, deux contours concentriques, et donnent lieu, en relief, à deux falaises étagées, double rempart naturel qu'il faut franchir pour pénétrer dans le bassin. Une dépression étroite, occupée par un cordon d'alluvions, longe le pied de la falaise intérieure. De vastes plaines s'étalent tout autour de la falaise extérieure.

Au nord du Sahara algérien, l'étage supérieur a disparu, et le plateau du Mzab et de Metlili est formé par l'étage inférieur.

Les bords de la cuvette crétacée dont nous venons de faire le tour, ne coïncident pas toujours avec les lignes de faîte qui limitent le bassin hydrographique du Melrir; de plusieurs côtés, celui-ci s'étend au delà, surtout du côté méridional. Au sud, il remonte dans le Ahaggar, au delà du 24° de latitude. A l'ouest, il s'avance sur le plateau de Tademayt, d'une part, et dans le Djebel-Amour, d'autre part, jusqu'à 1/2° de longitude ouest environ. Au nord, dans l'Aurès, il dépasse le 35° de latitude. A l'est, il s'arrête sur les plateaux de la Tripolitaine, vers le 9° de longitude est. Soit, pour l'ensemble du bassin hydrographique, plus de 11° en latitude sur plus de 9° en longitude.

Le chott Melrir, fond de cet immense bassin, est situé vers son extrémité septentrionale, non loin du pied du versant saharien des monts Aurès. C'est vers cette grande dépression que converge le faisceau des vallées.

Deux vallées principales descendent du sud et du sud-ouest : ce sont l'Oued Igharghar et l'Oued Mya, dont la réunion forme l'Oued Rir', au nord.

L'Oued Igharghar prend sa source au delà d'Idelès vers le sud, sur le flanc septentrional des monts Ahaggar.

Ces montagnes, formées, comme je l'ai dit, de granite, de gneiss et de micaschistes, constituent le principal relief du Sahara : leurs cimes les plus élevées approchent peut-être de 3000 mètres d'altitude, et sont couvertes de neige, parfois durant trois mois entiers. M. Duveyrier y a cité des ruisseaux permanents, très grande rareté au Sahara[1]. Dans ces conditions, on comprend que l'Oued Igharghar coule assez souvent à ciel ouvert dans la région du Ahaggar.

1. H. Duveyrier. — *Les Touaregs du Nord*, 1864.

La direction générale de l'Igharghar est du sud au nord; la longueur de son parcours total dépasse 1000 kilomètres.

On distingue généralement le haut Igharghar, de l'origine à Timassinin (375 mètres), et le bas Igharghar, en aval, jusqu'à Tougourt (67^m,29).

Après sa sortie du massif montagneux du Ahaggar, le haut Igharghar se dirige directement vers le nord, au travers de vastes plaines de *reg*; puis, décrivant une courbe, il se trouve encaissé, aux gorges d'El Kheneg, entre les falaises qui limitent, de part et d'autre, les plateaux des monts Iraouen, en grès dévoniens, et du Tassili des Azdjer, également en grès dévoniens; il serpente ensuite, de nouveau à la surface de plaines de *reg*, jusqu'à Timassinin.

Les principaux affluents du haut Igharghar sont : d'abord, à l'est, l'Oued Tedjert, qui descend également du Ahaggar et traverse les monts Eguéré (gneiss et micaschistes), où il reçoit l'Oued Alouaï, de même origine, et un autre affluent venant du Tassili des Azdjer; puis, à l'ouest, l'Oued Gharis, descendant du bord oriental du plateau de Mouydir, (dévonien) et des monts Ifettesen (gneiss et micaschistes); de nouveau, à l'est, les Irharharen et l'Oued Issaouan, descendant du plateau du Tassili des Azdjer, et l'Oued el Djoua, occupant une sorte de couloir (*El Djoua*, fourreau), entre le massif des dunes d'Edeyen et la falaise qui borde la terrasse de Timassinin à Ohanet, sous le plateau de Tinghert (étages crétacés superposés); enfin, à l'ouest, et, respectivement en contre-bas des deux étages orographiques, auxquels donnent lieu les deux étages crétacés, l'Oued Aserhoum, entre le plateau crétacé inférieur, au nord, et les monts Iraouen, au sud, et l'Oued Melah, longeant le pied même de la falaise qui limite le plateau crétacé supérieur, ou plateau de Tinghert, au nord.

Lors de certaines pluies abondantes, on voit le haut Igharghar couler sur de longs parcours, en amont des gorges d'El Kheneg. On cite également les crues de l'Oued Gharis.

Indépendamment des nombreuses flaques d'eau ou *r'dirs*, plus ou moins éphèmères, que présentent, après les crues, le haut Igharghar et ses affluents, il y a lieu de signaler dans cette région plusieurs lacs permanents, tels que le lac Menghough, dans l'Oued Tidjoudjelt, petit affluent des Irharharen.

Auprès de Timassinin, l'allure de l'Oued Igharghar mérite d'être décrite. L'oued, venant du sud, arrive droit sur la falaise plus ou moins déchiquetée qui limite le plateau de Tinghert (plateau crétacé de l'étage supérieur; le plateau inférieur est ici recouvert par les alluvions et n'apparaît pas); l'oued franchit, comme par une brèche, le rebord de ce plateau qu'il entaille, et, dès lors, se trouve encaissé entre deux berges abruptes; il poursuit ainsi, en faisant successivement deux coudes à angle droit, le premier vers l'est, le second vers le nord; puis il continue vers le nord, la hauteur de ses berges diminuant graduellement, et passe du plateau des calcaires crétacés sur le manteau superposé des atterrissements sableux.

Le bas Igharghar, dont il faut noter comme affluents, à l'ouest, l'Oued el Hadjadj et l'Oued ben Abbou, sur le plateau de Tinghert, se poursuit vers le nord à la surface du plateau sableux d'atterrissement, lequel offre une pente générale dans la même direction. C'est dans cette région que la première mission Flatters a reconnu l'existence, entre El Biodh et Aïn Mokhanza, d'une large trouée, longue de 250 kilomètres, au milieu des grandes dunes de l'Erg oriental. Cette trouée, dite gassi[1] de Mokhanza, est certainement en relation avec le cours de l'Oued Igharghar[2], et la relation la

---

1. *Gassi*, bande rectiligne entre deux chaînes de dunes, large et surtout très longue, en terrain ferme de *reg*, sans pierre, ni gravier.

2. La vue du gassi de Mokhanza, semblable à une large vallée, dont les grandes dunes seraient les berges, a fait penser à une trouée qui aurait été pratiquée au travers du massif des grandes dunes par les eaux de l'Igharghar. Cette explication ne me semble guère admissible. Les grandes dunes résultant du climat saharien, leur préexistence supposée

plus vraisemblable est celle que j'ai signalée, d'une manière
générale, entre les chaînes de dunes et les lignes de relief
du Sahara. L'Oued Igharghar doit, en effet, occuper une
dépression allongée, une sorte de gouttière d'érosion plus
ou moins nette, à la surface de ce plateau [1].

D'après Roche, le lit même de l'Igharghar se place au
bord oriental du gassi, où il est marqué par des fragments
de lave roulés.

A notre connaissance, on ne voit jamais d'eau courante
dans cette partie de l'Igharghar.

Au nord d'Aïn Mokhanza, le bas Igharghar ne se trouve
plus séparé de l'Oued Mya, à l'ouest, que par la région dite des
Kantra[2], région ravinée en tous sens, et parsemée de gour en
saillie ; entre ces reliefs, se trouve un réseau enchevêtré de
dépressions, au milieu desquelles on distingue une série
d'oueds secondaires, dont l'étude n'offre pas d'intérêt.

Suivons, d'autre part, l'Oued Mya depuis son origine. Cet
oued descend du sud-ouest. Son bassin supérieur est formé
par le plateau calcaire et crétacé de Tademayt, lequel des-

---

implique une instauration déjà ancienne de ce climat, et, par suite une
sécheresse incompatible avec l'hypothèse de masses d'eau semblables. Une
érosion aussi nette au travers d'une masse aussi meuble que les dunes
est discutable. Le gassi de Mokhanza ne constitue pas une trouée unique
au travers du grand Erg ; il est accompagné d'autres gassi, et les chaînes
latérales qui, vues par projection, peuvent simuler un massif compact
de sables, sont, en réalité, distinctes et espacées, ainsi qu'il a été constaté
du côté occidental.

1. Soit que les berges du bas Igharghar diminuent jusqu'à disparaître
et soient remplacées par des pentes insensibles de part et d'autre du
thalweg, soit que son lit proprement dit se trouve masqué par les grandes
dunes et soit situé à l'est du gassi de Mokhanza, ce que tendraient plutôt à
faire croire certains renseignements, l'oued doit avoir creusé son cours
tout le long de ce gassi, dans le manteau sableux d'atterrissement, de
même qu'en amont, sur le plateau de Tinghert, dans les calcaires crétacés
et de même qu'en aval, au nord d'Aïn Mokhanza, dans le même manteau
d'atterrissement, lequel se trouve de plus en plus entamé par les érosions
vers la région des Kantra.

2. *Kantra*, pont, relief à franchir entre deux dépressions.

sine une large ondulation concave, dont l'axe plonge vers le nord-est. Le plateau est entaillé et découpé, comme un damier, par la gouttière principale et par ses nombreux affluents (*Mya*, cent [1]), dont l'Oued Insokki, dirigé du sud au nord, est le plus important.

Mentionnons à l'est, près des grandes dunes, les petits oueds du Mader et les pâturages de ce nom.

Plus bas, la gouttière de l'Oued Mya se poursuit à la surface du manteau sableux d'atterrissement. Sur sa gauche, elle reçoit successivement l'Oued el Khoua, l'Oued Sadana, l'Oued Ter'ir, l'Oued Zahra, venant du nord-ouest et descendant de la Chebka du sud d'El Hassi. D'abord assez encaissée, la vallée s'est élargie en aval de Rechag el Itel, et, dès lors, elle forme une vaste plaine, en sables et en graviers, limitée des deux côtés par des berges écartées de 20 kilomètres et davantage, et offrant une pente générale vers Ouargla.

Le lit de l'oued est plus ou moins discontinu. Il se bifurque à Hassi ben Djedian : une branche se détache vers le nord-ouest-nord, et aboutit au bas-fond d'Hassi el Hadjar, qui reçoit, d'autre part, l'Oued el Fehal ; la branche principale continue vers le nord-est-nord, et aboutit au large bas-fond de Ouargla, lequel forme, pour ainsi dire, son estuaire terminal.

La grande oasis de Ouargla, avec ses annexes, est située dans ce bas-fond.

A 11 kilomètres en amont de la ville même de Ouargla (161 mètres), au Gara Krima, le lit de l'Oued Mya a 4 kilomètres environ de largeur ; puis il s'élargit rapidement, et atteint plus de 12 kilomètres à Sedrata, Ouargla et au delà ; à 7 kilomètres en aval, il n'a plus guère que 6 kilomètres. Il se poursuit au nord vers l'oasis de Negoussa, la

---

1. Cette région du haut Oued Mya est donc accidentée, mais ne ressemble pas à un massif montagneux, tel que le représentaient les anciennes cartes ; elle est accidentée à la manière des *Chebka* crétacées, et son système orographique est simple.

sebkha Safioun, point le plus bas de la dépression, et, au delà, jusqu'au Kef el Amar. Dans cette dernière section, il reçoit l'Oued Mzab et l'Oued en Nessa, venant de l'ouest-nord-ouest et descendant de la Chebka du Mzab.

Cette longue dépression est bordée à l'ouest par un grand escarpement, en grès rougeâtres, au relief accentué, qui le domine d'environ 70 mètres, et qui n'est autre que le prolongement du flanc gauche de la vallée de l'Oued Mya et, en même temps, de la berge gauche du lit de cet oued.

A l'est, il y a dissymétrie, et la dépression considérée est limitée par un mouvement de terrain relativement doux, qui n'a, en moyenne, qu'une dizaine de mètres de hauteur, et qui n'est autre que le prolongement de la berge droite du lit de l'Oued Mya.

Au-dessus de la falaise occidentale, d'une part, règne un haut plateau, s'élevant en pente douce vers le Mzab, au nord-ouest. Au-dessus du rebord oriental, d'autre part, s'étend une terrasse ondulée, qui constitue la vallée même de l'Oued Mya; quant au flanc droit de la vallée, il n'est pas continu, mais simplement jalonné par des séries de gour détachés, lesquels dépendent de la région des Kantra.

L'Oued Mya, depuis son origine jusqu'à l'extrémité de la dépression allongé de Ouargla, a 600 kilomètres environ de longueur. Vu l'étendue du bassin dont cette vallée récolte les pluies, elle possède, sous ses graviers et ses sables, un écoulement d'eau d'un certain volume, et ces eaux alimentent les nombreux puits échelonnés le long de son cours.

Ajoutons que les pâturages de l'Oued Mya sont réputés parmi les nomades.

Avant de poursuivre plus au nord, je placerai ici un court aperçu sur la série des vallées déjà mentionnées qui, depuis l'Oued el Khoua jusqu'à l'Oued el Nessa, descendent suivant le versant occidental de ce bassin hydrographique. Je les envisagerai en sens inverse, c'est à dire du nord au sud.

On peut les diviser en deux groupes : les vallées de la Chebka du Mzab et de Metlili, et les vallées de la Chebka du sud d'El Hassi.

Les vallées du premier groupe, plus ou moins parallèles, ont leur pente dirigée, en moyenne, vers l'est-sud-est, de même que le plateau des calcaires crétacés qu'elles entaillent. Ce sont : l'Oued en Nessa et l'Oued Mzab, au fond desquelles sont situées les oasis de Berrian, Ghardaïa, Melika, Beni Isguen, Bou Noura, El Ateuf, appartenant à la confédération du Mzab ; puis l'Oued Metlili, avec le village de ce nom, aux Chamba Berazga ; ensuite l'Oued Mask, à la tête de laquelle se trouvent les sources d'Aïn Massin ; enfin l'Oued Goulaban et l'Oued el Gaa.

La hauteur, assez variable, de ces vallées n'atteint pas 100 mètres. Leur largeur est parfois de plusieurs kilomètres. Elles restent profondes et abruptes jusqu'à leur origine, où elles offrent des ravins à pic.

L'Oued Mask, près de sa tête, a des berges de 80 mètres, dont une corniche calcaire de 20 mètres et un talus marneux de 60 mètres. La vallée et ses ramifications découpent à angle droit le plateau horizontal : celui-ci se poursuit de niveau jusqu'au bout des promontoires effilés qui séparent les découpures, tels que le cap de Sidi Menad. Entre les berges opposées se dressent des îlots rocheux, ou *mehasser*, dont les plates-formes supérieures sont sur le même plan que le plateau environnant.

En aval, ces vallées se poursuivent et entaillent le plateau en atterrissements sableux qui forme le prolongement du plateau en calcaires crétacés, vers l'est-sud-est. Les deux premières arrivent, ainsi que nous avons vu, à la grande artère de l'Oued Mya prolongée. Quant aux suivantes, à partir de l'Oued Metlili, elles ont ceci de particulier, que, après avoir graduellement diminué de hauteur vers l'aval, elles arrivent à se perdre sur le plateau : on pourrait donc dire que ces vallées constituent autant de petits bassins fermés ; mais, comme elles font partie du même système hydrographique que les vallées parallèles situées au nord et au sud, il n'y a pas lieu de les en séparer dans une description d'ensemble.

En amont des dernières vallées considérées, le hamada crétacé continue à s'élever doucement vers l'ouest, mais, à peu de distance, de ce côté, il est brusquement limité par une grande falaise nord-sud, la falaise d'El Loua, dont la crête trace rigoureusement la ligne de faîte, à partir de laquelle les eaux coulent à l'est.

La bande continue que le plateau crétacé présente ainsi entre la tête des vallées de la Chebka de Metlili, à l'est, et la grande plaine d'atterrissement, située en contre-bas, à l'ouest, devient de plus en plus étroite vers le sud : puis le plateau se trouve traversé de part en part par une nouvelle série de vallées, parallèles aux précédentes, mais remontant davantage à l'ouest. C'est ainsi qu'au sud d'El Hassi, la Chebka se poursuit jusqu'à la limite occidentale du plateau crétacé, qu'elle découpe alors en tous sens, de manière à n'en plus laisser que des témoins isolés et épars.

Les principales vallées de ce second groupe sont : l'Oued Zahra, l'Oued Ter'ir, l'Oued Sadana, l'Oued Sidi Ahmed et l'Oued Zirara.

Le type de ces vallées est intéressant, et j'en résumerai ici les caractères.

Le plateau et les vallées sont en pente vers le sud-est, en moyenne, mais la pente du plateau est supérieure à celle des vallées. Par suite, vers l'amont, les vallées sont de plus en plus hautes et larges; puis elles se bifurquent, et les massifs intermédiaires, de moins en moins importants, sont traversés par des découpures transversales : d'où un réseau entrecroisé et complexe, auquel la désignation de *Chebka* s'applique vraiment à la lettre.

Tantôt c'est un plateau divisé en massifs distincts, tantôt la formation s'émiettant, pour ainsi dire, de plus en plus vers l'ouest, ce n'est plus qu'une plaine d'alluvions de laquelle émergent, çà et là, quelques témoins isolés. Cols et vallées ont une importance comparable. Les thalwegs ont les allures les plus capricieuses; plusieurs cheminent côte à côte dans la même plaine; deux situés bout à bout, dans la même découpure, ont des pentes inverses; ils n'offrent généralement pas de pente continue, et aboutissent souvent à des dépressions fermées.

D'autre part, en se reportant à l'est, là où les vallées cheminent entre des berges continues, on trouve qu'inversement, elles s'abaissent et se rétrécissent de plus en plus vers l'aval, de sorte qu'elles arriveraient à se perdre sur le plateau, si le plateau lui-même n'était surmonté d'un autre étage orographique, au travers duquel elles se poursuivent.

En effet, dans cette région, on aperçoit des gour superposés au plateau, comme des troncs de pyramide sur une table, témoins isolés d'un étage supérieur. Plus à l'est, les gour se groupent et se massent : c'est alors un nouveau plateau continu. Le plateau supérieur, de plus en plus découpé et enlevé par les érosions vers l'ouest, se termine ainsi par une région de *gour*, de même que, plus à l'ouest, le plateau inférieur par une région de *mehasser*.

Ces gour ne sont pas distribués sans ordre à la surface du plateau inférieur. Ils s'alignent fort nettement, et donnent lieu à des chaînes plus ou moins discontinues, entre les vallées. Le plateau est donc alternativement entaillé par des lits d'oueds et hérissé de chaînes de gour, et ces lignes hydrographiques et orographiques, les unes en creux, les autres en relief, sont parallèles. Nous avons ainsi traversé l'Oued Ter'ir, les Gour Rahaoua, l'Oued Sadana, les Gour Khenfous, l'Oued Sidi Ahmed, les Gour Oudian et les Gour Zirara, l'Oued Zirara, les Gour Iza.

Les chaînes de gour augmentent d'importance vers le sud-est, et arrivent alors à former des massifs continus. Les intervalles qui les séparent, de moins en moins larges, deviennent de véritables vallées, entaillant le plateau supérieur, et ces vallées font suite aux vallées qui entaillent le plateau inférieur.

Enfin, au sud encore des vallées précédentes, se trouve l'Oued el Khoua, qui est semblable, sauf que, en amont, il semble que cette vallée ne traverse pas de part en part le plateau inférieur, mais se ferme à son origine, comme les vallées du Mzab.

Vers l'est, l'Oued Zirara se jette dans l'Oued Sadana, et l'Oued Sidi Ahmed dans l'Oued El Khoua.

Remarquons ici qu'avec la série des vallées considérées coïncide une série de chaînes de grandes dunes, également parallèles et de même direction : celles-ci suivent les vallées mêmes, qu'elles remplissent complètement, ou dont elles occupent un flanc, généralement le flanc méridional. Je citerai les dunes de sable de l'Oued Sidi Ahmed, de l'Oued Zirara, de l'Oued el Khoua[1]. Ces sables se relient, d'ailleurs, vers l'ouest, au massif de l'Erg occidental.

Toutes les vallées précédentes continuent leur cours vers e sud-est, soit sur le plateau supérieur, soit, au delà, sur le plateau d'atterrissement, jusqu'à l'Oued Mya.

Auprès de Ouargla, avons-nous dit, les vallées de l'Oued Mya et de l'Oued Igharghar ne sont plus séparées que par une région de gour détachés. Ceux-ci diminuent d'importance et deviennent de plus en plus clairsemés vers le nord, et ils cessent à peu de distance au-dessus du parallèle de Negoussa : on peut admettre alors que l'Oued Mya, l'Oued Igharghar et autres vallées corollaires s'étalent et se confondent dans une vaste plaine, en pente générale vers Tougourt, au nord, avec ravinement et thalwegs plus ou moins nets dans la même direction, ou à peu près.

---

1. Il y a relation évidente entre ces chaînes de dunes et ces lignes de relief. L'orographie même des chaînes de dunes est liée à l'orographie des reliefs encaissants, les cols de sable faisant face aux cols entre les vallées.

A la surface de cette plaine, le lit de l'Igharghar est seulement jalonné par une série de daya allongées, séparées par des seuils surbaissés, et il se perd dans les sebkha qui se trouvent un peu au sud de Tougourt.

A l'ouest, la prolongation du lit de l'Oued Mya est mieux indiquée. On distingue, en effet, au milieu des ravinements inextricables de cette plaine ondulée, une artère principale, au fond de laquelle se trouvent la petite oasis d'El Hadjira et le chott de Bardad. Elle est dirigée du sud-ouest au nord-est; au sud, elle communique avec la grande dépression de Ouargla, au coude de l'Oued en Nessa; au nord, un seuil la sépare du terminus méridional de l'Oued Rir'.

Ce bas-fond allongé communique aussi, du côté occidental, avec d'autres lignes de bas-fonds, celles-ci descendant du nord, du nord-ouest et de l'ouest. Le bas-fond latéral d'El Alia reçoit, à l'ouest, l'Oued Zegrir.

En remontant l'Oued Zegrir, et, d'une manière générale, en remontant vers le nord-ouest, le versant occidental du bassin hydrographique, à partir de cette région intermédiaire entre les bas-fonds de Ouargla et de l'Oued Rir', on laisse sur sa gauche le plateau et la chebka du Mzab, et on arrive dans ce que nous appelons plus loin la partie orientale de la région des daya : c'est une large zone déprimée, une sorte de détroit d'atterrissement, en pente générale vers le sud-est, séparant les plateaux calcaires, en relief, du Mzab et d'El Djourf, au sud-ouest et au nord.

On donne plus particulièrement le nom d'Oued Rir' à la zone étroite des bas-fonds qui s'alignent du sud au nord, avec pente générale vers le nord, jusqu'à l'extrémité sud-ouest du chott Melrir.

De nombreuses et importantes oasis s'échelonnent sur les deux rives de cette zone déprimée et sur une longueur totale de 130 kilomètres, depuis Bledet Amar (79 mètres), à une vingtaine de kilomètres plus au sud que Tougourt

(67ᵐ, 29), jusqu'à Ourir (—13ᵐ, 50), au bord du chott Melrir, au nord.

La zone des bas-fonds de l'Oued Rir' est occupée par une série de chotts et de sebkha, et forme, pour ainsi dire, le lit mineur de la vallée du même nom, laquelle représente le prolongement des vallées de l'Oued Mya et de l'Oued Igharghar réunies, jusqu'au fond même du bassin hydrographique; c'est-à-dire jusqu'au chott Melrir.

Les ramifications multiples de la région intermédiaire entre les bas-fonds de Ouargla et de l'Oued Rir' convergent, en effet, vers cette vallée unique, qui, à partir de Tougourt, est nettement tracée, et limitée, de part et d'autre, par deux lignes de falaises en grès rougeâtre, assez peu élevées, mais très nettes et courant parallèlement du sud au nord. Entre elles, s'étend une plaine sablo-marneuse de plus de 20 kilomètres de largeur, plaine plus ou moins vallonée, offrant une légère pente transversale de l'ouest à l'est. La zone des bas-fonds est située du côté de la falaise orientale, dont elle longe généralement le pied même; elle ne possède pas de thalweg continu, mais comporte une succession de dépressions allongées et placées bout à bout, fermées et doucement étagées, que séparent des seuils très surbaissés et le plus souvent imperceptibles à l'œil. Les dépressions considérées renferment en permanence des eaux fortement salines, dont la hauteur et la salure varient en raison inverse l'une de l'autre, et suivant les saisons.

Ces eaux superficielles ne sont pas potables; il n'en est pas de même des belles eaux artésiennes dont l'Oued Rir' est doté en abondance, bien que celles-ci soient elles-mêmes légèrement salées. Remarquons ici que le gisement des eaux artésiennes de l'Oued Rir' est souterrain, et se trouve, contrairement à une opinion répandue, être distinct de la ligne d'eau des bas-fonds de la surface.

Peu avant son extrémité septentrionale, la plaine de l'Oued Rir' est barrée par la petite chaîne des collines de

Nza ben Rzig, au travers de laquelle une découpure étroite livre passage à la zone des bas-fonds : dès lors, celle-ci présente un lit avec thalweg continu, et poursuit ainsi vers le nord, sous le nom d'Oued Kherouf, jusqu'au chott Melrir, où elle aboutit.

La vallée de l'Oued Rir' reçoit également des affluents venant de l'ouest : les deux principaux sont l'Oued el Athar, qui descend de la partie orientale des daya, et l'oued Retem, qui descend du plateau d'El Djourf.

Plus au nord, l'Oued Itel, qui vient aussi du Djourf, se rend directement dans le chott Melrir.

Ces vallées de l'ouest et leurs propres affluents prennent naissance sur le versant méridional d'une chaîne surbaissée et sensiblement parallèle à l'Atlas, laquelle sépare leur bassin du bassin de l'Oued Djeddi.

L'Oued Djeddi dépend du massif montagneux du nord, et l'écoulement qui a lieu sous les alluvions de son lit acquiert, de ce fait, plus d'importance. Cette vallée prend sa source dans le Djebel Amour, dont certains sommets s'élèvent à plus de 1700 mètres d'altitude dans la région ; elle porte d'abord le nom d'Oued M'zi, jusqu'à Laghouat (795 mètres), où elle entre dans le Sahara. Elle se dirige ensuite vers l'est-nord-est, et suit à peu de distance le pied méridional du Djebel Bou Kahil, d'où elle reçoit une série d'affluents. Puis, décrivant une grande courbe vers l'est et le sud-est, elle vient se jeter au nord-ouest du chott Melrir.

Dès le milieu de cette courbe, l'Oued Djeddi, après un parcours de plus de 400 kilomètres, débouche dans la plaine septentrionale du Melrir ; la vallée cesse alors de former une gouttière définie, mais s'étale vers l'est, dans un delta large de 5 à 6 kilomètres, où le lit serpente et se ramifie. La berge droite de l'oued se suit encore jusqu'au bord de la terrasse de Tahir Rashou (26 mètres), au pied de laquelle passe l'artère principale du lit, à 28 kilomètres droit au sud de Biskra. Au delà, à la surface de la plaine, ce n'est plus qu'un étroit chenal, qui diminue graduellement d'importance.

A 20 kilomètres en amont de Laghouat, les eaux de l'Oued M'zi disparaissent sous les sables du lit, et à Laghouat même, une prise d'eau des plus sommaires ramène à la surface, pour les besoins des irrigations de cette oasis, une faible fraction de la rivière, qui continue son cours sous les sables et les graviers. Bien au delà, l'Oued Djeddi sert à arroser, au moyen de puits creusés dans son lit, et aussi par ses crues annuelles, les oasis de Sidi Khaled et des Ouled Djellal.

A chaque printemps, une série de crues descendent du Djebel Amour et du Djebel Bou Kahil dans l'Oued Djeddi; en mars 1884, nous vîmes, vis-à-vis d'Oumach, c'est-à-dire non loin du delta d'embouchure, la gouttière coulant à pleins bords, sur une largeur de 200 mètres environ et avec une hauteur d'eau de près de 6 mètres. En aval, les eaux de ces crues répandent leurs submersions fertilisantes sur la plaine d'alluvions limoneuses, qui s'étend au nord de Tahir Rashou, et que recouvrait, il y a vingt ans encore, l'épaisse forêt de Saada.

D'autre part, la plaine septentrionale du chott Melrir est sillonnée par une série d'oueds, qui descendent du Djebel Aurès, par des ravins encaissés et au travers de gorges étroites; citons l'Oued Biskra, l'Oued el Abiod, l'Oued el Arab, etc. Les plus importants parmi ces oueds n'atteignent pas 150 kilomètres de longueur; mais, prenant leur source dans un grand massif de montagnes, qui est situé au nord, et dont les cimes dépassent l'altitude de 2300 mètres, ils présentent des crues annuelles, presque toujours torrentielles et souvent très volumineuses, lesquelles arrivent parfois jusqu'au chott, mais se perdent généralement avant d'y arriver. A Biskra (123 mètres), il n'est pas rare de voir l'Oued Biskra remplir son lit, large de 400 mètres. Les Romains possédaient de nombreux barrages sur toutes les rivières qui débouchent ainsi de l'Aurès dans le Sahara, et, grâce aux irrigations, ils savaient tirer parti de cette plaine du Melrir, que tapisse un limon épais, fin et argilo-sableux, brun clair, remarquablement fertile. Aujourd'hui, tout se réduit à des barrages légers, de construction arabe, qui sont emportés à chaque grande crue.

En temps ordinaire, les eaux qui filtrent en quantité variable sous les graviers des oueds en question, sont successivement captées par les irrigations des oasis placées sur leur parcours, les unes dans la région subsaharienne des montagnes de l'Aurès, au fond des vallées (oasis des Sahari et des Ouled Zian, des Beni bou Sliman et de l'Ahmar Kaddou, du Djebel Chechar), les autres, en aval, dans la plaine septentrionale du Melrir (oasis du Zab central et du Zab oriental) : mais les oasis qui ne disposent que des eaux de rivières, comme c'est le cas de presque toutes celles-là, sauf dans le Zab central, se trouvent dans des conditions bien inférieures à celles qui possèdent des sources artésiennes à débit constant, comme c'est le cas des oasis du Zab occidental.

On sait que la cuvette du chott Melrir se trouve tout entière en contre-bas du niveau de la mer; près de son bord occidental, l'altitude négative descend au-dessous de — 31 mètres.

Vers l'est, un seuil sépare ce chott du chott Gharsa, qui est également en contre-bas, et un autre seuil sépare celui-ci des chotts Djerid et Fejej; ces derniers sont en contre-haut de la mer, mais leurs altitudes ne dépassent pas 15 à 33 mètres. Enfin, le chott Fejej est séparé de la Méditerranée par le seuil de Gabès, dont l'altitude au col est de 47^m,37.

Les bassins hydrographiques des chotts Gharsa et Djerid sont donc chacun fermé et distinct de celui du Melrir.

Le bassin du Gharsa est relativement peu étendu, sauf au nord, où il comprend plusieurs oueds remontant assez loin dans l'Atlas tunisien. Notons, en particulier, au nord-est, la grande artère de l'Oued Tarfaoui, laquelle passe par l'oasis de Gafsa, et, en amont, collecte les eaux de l'important massif de montagnes de la région de Feriana (Nememcha).

Au sud des chotts Djerid et Fejej, s'étend une région qui, sauf la chaîne du Djebel Tebaga, immédiatement au sud du Fejej, et peut-être plusieurs autres petites chaînes au sud de celle-ci, se rattache bientôt au système orographique du plateau tripolitain. J'ai déjà signalé l'allure générale de ce vaste plateau, que forment les terrains crétacés supérieurs dans l'ouest de la Tripolitaine : d'une part, il s'incline au sud-ouest vers le Souf et Ghadamès ; d'autre part, il est limité, le long de la mer Méditerranée, par de grandes lignes de falaises, hérissées de pitons et fortement ravinées, falaises qui dominent le littoral et dessinent un vaste arc de cercle, concave vers le nord-est, de Gabès à Tripoli [1].

Le plateau considéré est sillonné, dans sa partie occidentale, par une série d'oueds assez mal connus, dirigés de l'est à l'ouest, de la falaise du Djebel Douirat vers les grandes dunes de l'Erg oriental. Ces oueds et les oueds semblables qui s'observent plus au sud, sur le même versant du plateau tripolitain, jusqu'au parallèle de Ghadamès et au delà, aboutissent tous aux grandes dunes, et peuvent être considérés comme dépendant soit des bassins du Djerid et du Gharsa, soit du bassin du Melrir.

1. Déjà dans la Tunisie méridionale, la région des Ourghamma, située au sud du chott Fejej, participe à ce système orographique, ainsi que je l'avais prévu, et ainsi que l'a constaté M. le commandant Coyne. Il n'y a pas là de massif montagneux, comme on le disait parfois, mais simplement une région limite de plateau, déchiquetée par de profonds ravinements et accidentée à la manière des *Chebka*.

Au sud même du chott Melrir, il importe encore de mentionner la région de l'Oued Souf et la série de ses oasis, en pente vers le nord, à partir d'El Oued (77 mètres). L'Oued Souf même doit, à mon sens, répondre à une gouttière plus ou moins nette, ou du moins à une zone de dépressions successives, qui aurait son origine bien en amont des oasis actuelles, et serait dirigée du sud-est au nord-ouest, vers le chott, mais dont le cours se trouverait aujourd'hui presque entièrement masqué par les grandes dunes de sable de l'Erg oriental.

J'ai déjà parlé plus haut, dans les préliminaires, de ce groupe de grandes dunes.

§ 2. — LE BASSIN HYDROGRAPHIQUE DE L'OUED MESSAOURA.

Nous devons d'abord parler de la région intermédiaire des *daya*, qui forme, au nord du Sahara algérien, une sorte de trait-d'union, tant entre les deux bassins d'atterrissement, qu'entre les deux bassins hydrographiques de l'est et de l'ouest.

Cette région occupe une zone demi-circulaire, large d'une centaine de kilomètres, contournant la partie nord du plateau du Mzab, et séparant ce plateau, d'une part, au nord-ouest, du massif du Djebel Amour, d'autre part, au nord, du plateau d'El Djourf.

Elle ne laisse pas que d'être assez complexe, tant au point orographique qu'au point de vue hydrographique.

J'ai dit qu'une chaîne surbaissée et sensiblement parallèle à l'Atlas limite au sud-est le bassin de l'Oued Djeddi. Ce bourrelet irrégulier présente son point culminant à l'est de Laghouat, aux environs d'Ogla Mdaguine (930 mètres). Il se dirige, en s'abaissant, vers l'est-nord-est, et comprend le plateau d'El Djourf, légèrement en saillie. Se poursuivant dans l'autre sens, il barre la plaine au sud de Laghouat, son faîte, de ce côté, étant aux environs du Ras

Cha'ab (842 mètres); de ce point, la ligne de séparation des eaux se dirige, d'après les indications inédites qu'a bien voulu me communiquer M. le commandant Durand, vers l'ouest, jusqu'à Tadjerouna (873 mètres), puis remonte au nord-ouest, et aboutit au Kef Aoudja, au bas du versant méridional du Djebel Amour.

Au nord et au nord-ouest de cette ligne, les vallées, telles que l'Oued Bou Trekfine, vont à l'Oued Djeddi.

Sur l'autre versant du bourrelet, au sud-est, prennent naissance une série de vallées, dont les plus importantes ont déjà été mentionnées plus haut et appartiennent encore au bassin du Melrir. Ce sont, en les désignant ici du nord-ést au sud-ouest, l'Oued Itel et l'Oued Retem, qui descendent du plateau d'El Djourf, l'Oued el Athar et l'Oued Zegrir, qui poursuivent leur cours sinueux au travers de la zone déprimée, qui a déjà été notée comme séparant les plateaux du Djourf et du Mzab, et comme descendant vers le sud-est, jusqu'à la région intermédiaire entre les bas-fonds de l'Oued Rir' et de Ouargla; puis, l'Oued en Nessa, qui, dans la première partie de son cours, se trouve dans la même zone déprimée, et pénètre ensuite dans la Chebka du Mzab.

Au delà vers le sud-ouest, et toujours sur le même versant, on rencontre un autre groupe de vallées, qui descendent vers le sud-est-sud, et que nous rattacherons, ainsi que l'on verra, au système hydrographique du bassin de l'Oued Messaoura. Ce sont : l'Oued Nili, le Feid el Kelba, etc., jusqu'à l'Oued Bou Seba Lehal, le Chabet Hachana et le Chabet Mehach. Ces dernières sont relativement peu importantes; les sillons qu'elles tracent à la surface, augmentent d'abord, mais bientôt diminuent de largeur; puis les oueds s'étalent en forme de delta, et se terminent à des dépressions fermées, de manière à constituer, à proprement parler, une série de bassins isolés.

Peu au delà de la ligne transversale à laquelle ces oueds se terminent, le versant considéré vient mourir sur le plateau du Mzab, qui figure, dans cette région, une sorte de promontoire en relief, qui s'avance vers le nord-ouest, et de part et d'autre duquel les pentes de la surface obliquent à l'ouest, vers l'Oued Loua, et à l'est, vers l'Oued en Nessa.

Ceci posé, la région du daya qui, avons-nous dit, contourne le plateau du Mzab, comprend deux parties différentes au point de vue orographique, savoir : le bourrelet saillant, situé au nord-ouest, et la zone déprimée, située au sud-est.

La partie occidentale est celle que traverse notre itinéraire de Laghouat à El Goléa. Le sol y présente uniformément les terrains sableux d'atterrissement, avec carapace calcaire. La surface est parsemée de daya, qui constituent autant de petits bassins fermés. Ces bassins sont plus ou moins circulaires ; leur diamètre varie de quelques mètres à un kilomètre et davantage. Par suite des caprices de la surface d'atterrissement et de son encroûtement, les daya ont des formes très variables : tantôt la dépression est à peine visible à l'œil, et forme un bassin régulier, se raccordant en pente douce au plateau environnant, tantôt la dénivellation s'accentue, et une série de thalwegs convergent vers le bas-fond.

Parfois on trouve de grandes cuvettes aux flancs abrupts. Telles sont les deux grandes cuvettes de Zebbacha Gharbi et de Zebbacha Chergui, qui atteignent 20 mètres de hauteur et 2 kilomètres de largeur. La seconde reçoit deux gouttières, courtes, mais profondes, l'Oued Zebbacha Chergui et l'Oued Daoura. Au fond de la première, sont creusés cinq puits.

Généralement, les dépressions des daya sont garnies d'un limon fin. Grâce à leur sol et aux eaux qu'elles récoltent de temps en temps, elles possèdent une végétation souvent fort remarquable pour le Sahara ; on y rencontre, en particulier, de magnifiques *betoum* (pistachiers sauvages[1]).

---

1. Notons ici la citerne de Tilremt, construite dans la daya de ce nom, sur la ligne d'étapes de Laghouat au Mzab. — A noter également la citerne de Nili, placée au confluent de l'oued de ce nom et d'un petit oued venant de l'ouest.

La partie orientale de la région des daya est peu connue, et c'est à M. Ph. Thomas que je dois les renseignements qui s'y rapportent, dans le présent travail. Cette large dépression en pente générale vers le sud-est, peut elle-même se subdiviser en trois zones, suivant sa largeur. Au milieu se place la zone la plus déprimée, le détroit d'atterrissement proprement dit; elle est limitée, d'une part, au sud-ouest, par une longue ligne de daya, qui part de la Daya Mrarès, et descend vers le sud-est, puis vers le sud-est-sud, jusqu'à l'oasis de Guerera et, d'autre part, à l'est, par une ligne semblable de daya, qui part de Moul Adam, et descend vers le sud, puis vers le sud-est jusqu'aux bas-fonds d'El Alia et d'El Hadjira[1]. Au sud-ouest, c'est une zone de nature mixte, dont le sol présente tantôt des terrains sableux d'atterrissement, tantôt des calcaires appartenant aux terrains crétacés supérieurs, et dont la surface se relève vers le plateau calcaire du Mzab, en saillie. A l'est, c'est, de même, une zone de nature mixte qui, au sud de l'Oued El Athar, s'abaisse vers Dzioua et Tougourt, à l'est, et qui, au nord de cet oued, se relève vers le plateau calcaire d'El Djourf, en terrains crétacés supérieurs, au nord-ouest.

Les daya qui parsèment cette partie orientale de la région considérée ont les mêmes caractères, et présentent également des terres limoneuses, que le sous-sol et les alentours soient en atterrissements sableux ou en calcaires crétacés. Les unes semblent disséminées d'une manière quelconque à la surface; les autres s'échelonnent suivant des lignes de dépressions, lesquelles recoupent, d'ailleurs, les lignes d'oueds, et sont indépendantes de l'hydrographie générale.

Revenons maintenant à la série des petites vallées qui sillonnent le versant méridional de la partie occidentale de la région des daya, vallées parallèles et dirigées vers le sud-est-sud, Oued Nili, Feid el Kelba, etc. Bien qu'elles consti-

1. Voir la carte d'Algérie, au 1/800,000°.

tuent autant de petits bassins isolés, il est naturel de les rattacher au système hydrographique des autres vallées situées plus l'ouest, dont nous allons parler : vallées semblables et parallèles, mais qui descendant pour la plupart de l'Atlas, sont bien plus importantes, d'une importance croissante de l'est à l'ouest, depuis l'Oued Mehaiguen jusqu'à l'Oued Messaoura.

Dans cette série de vallées, qui se succèdent ainsi de l'est à l'ouest, les principales sont, d'abord, l'Oued Mehaiguen, l'Oued Zergoun, l'Oued Seggueur, l'Oued ben Djereyat, l'Oued el Gharbi. Ce sont de grandes gouttières, larges et profondes, entaillées dans un manteau d'atterrissements homogènes, en limon rouge ; elles sont sensiblement parallèles et descendent vers le sud-est-sud ; leur largeur et leur profondeur décroissent graduellement de l'amont à l'aval, jusqu'à devenir presque nulles, à l'entrée de la région des grandes dunes de l'Erg occidental.

L'Oued Zergoun, l'Oued Seggueur, l'Oued el Gharbi remontent jusque dans les massifs du Djebel Amour et des montagnes de la région dite des *Ksour*[1], massifs qui séparent le Sahara des hauts plateaux oranais, et dont les altitudes maxima sont comprises entre 1500 et 2000 mètres. Ce sont autant de lignes d'eau, qui servent aux irrigations d'une série d'oasis, placées sur leurs parcours, soit déjà dans la montagne, soit à leurs débouchés dans la plaine saharienne ; on rencontre ainsi, en suivant le pied des dernières rides rectilignes de la montagne, vers l'ouest-sud-ouest, les oasis d'El Maïa (945 mètres), de Brizina (830 mètres), d'El Abiod Sidi Cheikh (861 mètres).

En aval, dans le sud, les mêmes oueds restent, il est vrai, presque toujours à sec, mais on y rencontre de nombreux puits de 2 à 3 mètres de profondeur, qui ne tarissent pas l'été. Pendant l'hiver, quand il est pluvieux, les *r'dir* sont assez

---

1. *Ksar*, pl. *Ksour*, village fortifié.

fréquents, et l'eau se trouve alors généralement à fleur du sol. Enfin, ces oueds présent parfois des crues torrentielles, qui sont assez rapidement absorbées par les sables et les graviers de leurs lits, mais il arrive aussi que ces crues se propagent au loin dans le Sahara, jusqu'aux grandes dunes de sable, qui les boivent entièrement.

Les crues de l'Oued Zergoun coulaient autrefois dans la gouttière du Mehaiguen, mais elles ont changé leur cours, et aujourd'hui laissent le Mehaiguen à sec.

L'Oued Zergoun aboutit à la dépression fermée de Dayet Tarfa, laquelle reçoit, de plus, l'Oued Loua, au nord.

Bien que l'Oued Loua ne fasse pas partie de la série des oueds parallèles qui précèdent et qui suivent, sa description se place ici au point de vue hydrographique.

J'ai déjà dit que cet oued longeait le pied de la grande falaise qui limite à l'ouest le plateau calcaire et crétacé du Mzab, la falaise d'El Loua. Celle-ci dessine la ligne de relief la plus importante du Sahara algérien. Elle est nord-sud, et se trouve à peu près sur le méridien de Laghouat; sa longueur est de 75 kilomètres environ. A ses pieds, serpente la gouttière considérée.

La falaise et la gouttière d'El Loua prennent naissance à une demi-journée environ au sud-ouest de Zebbacha. La hauteur totale du relief est d'une centaine de mètres aux ravins de Chaïb Rashou, où M. Pomel a franchi l'escarpement. Elle est de 200 à 250 mètres près d'Aïn Massin, où se trouve la principale échancrure, par laquelle nous sommes descendus pour nous rendre dans l'oued. L'El Loua continue jusque vers le parallèle d'El Hassi, où cesse, comme je l'ai exposé, le plateau continu qui sépare la plaine d'atterrissement du Sahara oranais, à l'ouest, et la Chebka du Mzab, à l'est. Il vient d'être dit que l'Oued Loua aboutit à Dayet Tarfa, de même que l'Oued Zergoun.

En somme, le bassin de l'Oued Loua est peu étendu et entièrement saharien : c'est dire que l'eau s'y montre rarement.

M. Parisot a émis l'avis[1] que l'Oued Zergoun, dirigé du nord-ouest-nord au sud-est-sud, serait continué au sud-est par l'Oued Ter'ir, qui représenterait ainsi le prolongement de la même vallée vers l'aval. De même, l'Oued Zirara et l'Oued El Khoua pourraient être remontés vers l'amont, au sein du grand Erg, le long des crêtes rocheuses ou *feidhs*, perçant au travers des sables. Il y aurait donc communication entre les bassins hydrographiques de l'ouest et de l'est, que nous avons distingués dans le Sahara algérien.

Nous avons vu qu'en remontant vers le nord-ouest, l'Oued Ter'ir et les autres oueds voisins, on arrivait à une région, où les vallées cessaient d'être nettement définies, et communiquaient par des cols d'importance comparable, où les découpures du plateau crétacé figuraient un réseau entre-croisé, et où les reliefs intermédiaires s'émettaient de plus en plus vers l'ouest, jusqu'à ne plus former que des îlots épars. Dans ces conditions, on ne peut plus dire que les reliefs jalonnent le système des vallées, et, en l'absence de thalweg continu, on peut, pour ainsi dire, faire passer des vallées dans tous les sens, par ces innombrables trouées : à plus forte raison, dans la partie occidentale de cette région déchiquetée, qu'ensablent les ramifications du grand Erg.

L'idée que l'Oued Ter'ir est la continuation de l'Oued Zergoun est, en effet, naturelle, quand on considère que ces deux vallées, situées bout à bout, ont à peu près même direction et même pente générale vers le sud-est. Il est vrai qu'il n'y a pas de thalweg continu de l'une vers l'autre, pas plus d'ailleurs que le long de chacune d'elle, ni qu'en général dans la plupart des oueds sahariens. En somme, la question peut être résolue d'une manière à peu près facultative.

On peut dire seulement que le versant occidental de la cuvette du Melrir est en pente générale vers le sud-est, de

1. A. V. Parisot. — *La région entre Ouargla et El Goléa. Lignes d'eau*, in *Bulletin de la Société de Géographie*, février 1880.

même que le manteau d'atterrissement qui descend du pied
méridional de l'Atlas oranais; que ces deux plans inclinés
sont presque dans le prolongement l'un de l'autre, et ne
sont séparés que par un ressaut, la falaise d'El Loua; que ce
ressaut forme la ligne de démarcation des deux bassins
hydrographiques du chott Melrir et de l'Oued Messaoura,
mais que, lorsqu'il est ébréché, la distinction des deux bassins n'est plus accusée par le relief, et devient douteuse.

L'Oued Seggueur, l'Oued ben Djereyat et l'Oued Gharbi
ont été explorés et suivis par M. P. Marès[1] jusqu'à l'Erg
occidental. Les berges de l'Oued Gharbi peuvent avoir
jusqu'à 30 ou 40 mètres de hauteur, mais n'ont le plus
souvent que 10 à 20 mètres.

M. Marès a décrit avec soin l'allure des oueds en question
à leur arrivée dans les grandes dunes de sable: devenus très
peu profonds, ils se bifurquent, et chaque branche aboutit
à des impasses barrées vers le sud, formant des daya, dont
le diamètre varie de quelques centaines de mètres à 2 et
3 kilomètres, le plus souvent ovales et allongées vers le sud.

Mais s'il est vrai que les eaux courantes s'arrêtent à ces
daya, les oueds eux-mêmes se poursuivent au travers de l'Erg.
C'est ce que M. Parisot a mis en évidence pour l'Oued Seggueur. Cet oued, après un parcours de plus de 220 kilomètres, à partir de son origine, dans la direction du sud-est-
sud, arrive à la daya El Hamra (681 mètres), à l'entrée de l'Erg;
mais, au delà, les indigènes savent qu'il continue, dans la
même direction, au milieu des grandes dunes, où une succession de daya, dont on connaît les noms et les distances
approximatives, jalonnent son prolongement sur 170 kilomètres environ, jusqu'à El Goléa (oasis, 383). On se
trouve évidemment ici, de nouveau, en présence, non d'un
thalweg continu, mais d'une ligne de dépressions, présentant

1. P. Marès. — *Note sur la constitution générale du Sahara dans le
sud de la province d'Oran*, in *Bulletin de la Société géologique*, 1857.

une série de bas-fonds étagés et séparés par des seuils surbaissés.

J'esquisserai maintenant les principaux traits de la région d'El Goléa.

A l'est de cette oasis, on observe avec beaucoup de netteté les deux étages orographiques, que forment les deux plateaux crétacés du Sahara algérien ; ceux-ci sont limités par deux falaises nord-sud, de 70 à 80 mètres de hauteur, semblables à deux gradins, que nous avons gravis l'un après l'autre, en nous rendant d'El Goléa à Ouargla. Ces deux lignes de relief tournent ensuite vers le sud-ouest, de sorte qu'on les gravit également, quand on quitte El Goléa pour le sud. Mais la saillie du gradin inférieur diminue progressivement de ce côté. Le gradin supérieur, au contraire, conserve toute son importance, et constitue une ligne de relief qui frappe bien davantage le voyageur : elle seule est figurée sur l'itinéraire de M. Soleillet entre El Goléa et In Salah (1874).

La plaine et l'oasis d'El Goléa sont situées entre la falaise inférieure, à l'est, et le grand massif des dunes de l'Erg occidental, à l'ouest. Le pied de cette falaise nord-sud et de son prolongement vers le sud-ouest, est longé par une zone d'alluvion, en pente faible vers le sud, puis vers le sud-ouest : c'est l'Oued Meguiden, qui peut être considéré comme la continuation de l'Oued Seggueur. Cet oued poursuit ainsi, sur 250 kilomètres environ, jusqu'au grand bas-fond du Gourara, avec une série de puits échelonnés sur son cours.

L'oasis même d'El Goléa est irriguée au moyen de puits assez nombreux, de 10 mètres au plus de profondeur ; l'eau y est légèrement ascendante, et même arrive à fleur de sol à l'un d'eux, qui est faiblement jaillissant. De plus, une *feggara*, c'est-à-dire une galerie souterraine de drainage, recueillant les eaux d'une série de puits, le long de son parcours, part de la lisière des grandes dunes, à l'ouest, et s'écoule vers l'oasis, à l'est ; elle se trouve, près de son extrémité, à 8 mètres de profondeur sous la surface, et débouche au pied de la Kasbah, en débitant par minute 32 litres d'eau à 21°, 7. A vrai dire, il ne s'agit plus ici d'une ligne d'eau superficielle, mais d'une nappe souterraine, bien que peu profonde, et légèrement artésienne, comparable à la nappe ascendante du Souf (Voir l'appendice).

D'autre part, à l'est d'El Goléa, le plateau inférieur se trouve légèrement en pente dans cette direction, jusqu'au pied de la falaise supérieure, et celle-ci est longée, à son tour, par un cordon d'alluvions, d'importance variable, avec puits. Cet *oued* a 2 kilomètres 1/2 de largeur auprès d'Hassi el Melah ; il poursuit vers le sud, prend un peu plus loin le nom d'Oued el Djoua, puis tourne au sud-ouest, en même temps que la ligne d'escarpement, et constitue la Sahaba el Gagnera, plaine de terre blanchâtre. De plus, la falaise considérée est cotoyée, du côté occidental, par une grande chaîne de dunes, qui repose sur le plateau inférieur ; l'intervalle entre la falaise crétacée et la chaîne de sable figure une sorte de couloir, disposition dont nous avons déjà signalé un exemple, et qui explique également ici la désignation de *Djoua* (fourreau). La falaise tournant graduellement au sud-ouest, la chaîne de sable tourne avec elle, jusqu'aux pitons du Guern el Chouff et du Guern Abd el Kader, droit au sud d'El Goléa, où elle donne la main à une autre chaîne de sable, détachée de l'Erg occidental.

J'ai exposé ailleurs[1], avec plus de détails que je ne saurais le faire ici, comment le plateau inférieur présentait, par exception, au nord-est et à l'est d'El Goléa, à mi-distance entre les deux falaises habituelles des plateaux inférieur et supérieur, une autre ligne de relief intermédiaire, semblable et sensiblement parallèle, laquelle a été recoupée en des points divers par M. Duveyrier (1859), par la colonne de Galliffet (1873) et par notre mission. C'est la série des gour

1. *Bulletin de la Société géologique de France*, 3ᵉ série, t. IX.

Zidia, d'El Fedj, etc., qui représentent, dans leur ensemble, une falaise discontinue, longée à son pied par la dépression de l'Oued Toroudi, et qui se relient vers le sud au bas-fond de Mechgarden, logé dans une entaille du même plateau. Cette ligne de relief est longée, du côté occidental, par une autre chaîne de dunes, laquelle passe au garet Gouinin, aux gour Ouargla et au bas-fond de Mechgarden [1].

Le meilleur document sur la région qui sépare El Goléa d'In Salah m'a semblé être la carte par renseignements, qu'en a dressée M. le capitaine Parisot (1873).

C'est cette carte, avec quelques modifications du côté oriental, d'après les résultats de la deuxième mission Flatters, et vers le sud-ouest, d'après certaines indications puisées dans Rholfs (1864), qui m'a servi pour la partie correspondante de ma carte géologique.

1. J'ai insisté, à propos de la question des dunes de sable, sur l'intérêt qu'offre l'étude de ces deux chaînes de dunes, que l'on rencontre à 20 et à 40 kilomètres à l'est d'El Goléa : chaînes à peu près parallèles et nord-sud, longues de 50 kilomètres et larges de 4 kilomètres, en moyenne, hautes d'une centaine de mètres.

Elles m'ont offert une nouvelle preuve de la relation des chaînes de dunes avec les lignes de relief du sol, relation directe et évidente dans le cas actuel.

De plus, elles m'ont fourni la démonstration certaine de ce fait, que l'amoncellement des sables est dû, dans les déserts de l'Afrique comme sur certains rivages de l'Europe, entièrement au vent, dont le rôle prédominant, signalé par M. Marès, M. Duveyrier et M. Largeau, était contesté par la plupart des géologues s'étant occupés du Sahara.

En effet, ces chaînes de dunes recouvrent un plateau, dont le calcaire poli apparaît au milieu de cirques de sables et au fond d'entonnoirs dans les dunes. Il ne saurait être question ici de la désagrégation sur place de couches de grès ou de couches sableuses, qui formeraient le noyau central : les couches superposées aux couches du plateau, sont, ainsi que le prouvent les témoins et les escarpements voisins, pour la première chaîne, exclusivement calcaires, et, pour la seconde, calcaires et marneux avec une très faible proportion de grès intercalés. Ces dunes, depuis le premier grain jusqu'au dernier, sont donc incontestablement dues à des apports par le vent. Ainsi se trouve vérifié, au Sahara, ce fait, qui était déjà reconnu en Europe, savoir que le vent est capable d'élever des montagnes de sable de 100 mètres, hauteur comparable, d'ailleurs, à celle des grands massifs de dunes du désert.

On voit avec quelle netteté se détachent ici les deux plateaux superposés, lesquels décrivent deux courbes concentriques et convexes vers l'ouest.

Le plateau supérieur n'est autre que le Tademayt, qu'entaillent le haut Oued Mya et ses tributaires, et dont nous avons parlé à propos du bassin hydrographique du Melrir. La falaise limite de ce plateau trace une ligne saillante et continue, qui porte les noms de Djebel Samani, à l'ouest, et de Djebel Tidikelt au sud, vis-à-vis d'In Salah; elle présente des échancrures, dans le prolongement des oueds du plateau, et c'est par ces cols que passent les chemins des caravanes, allant d'El Goléa et de Ouargla à In Salah et au Tidikelt.

La falaise inférieure est relativement moins haute et moins continue, surtout à partir de son tournant vers l'est. Vis-à-vis des oasis du Tidikelt et d'In Salah, elle offre de larges brèches, mais quelques témoins rocheux la jalonnent encore, de distance en distance. Le plateau inférieur est alors presque entièrement recouvert par des alluvions, et sillonné, du nord au sud, par une série de ravinements, lesquels prennent naissance à des sources situées au pied de la falaise supérieure : ces petits oueds vont à l'Oued Massin, qui est un affluent de l'Oued Messaoura, auquel nous arriverons tout à l'heure.

Revenons aux oueds du Sahara oranais, situés à l'ouest de l'Oued Seggueur.

L'Oued ben Djereyat, qui passe par les daya de Habessa (403 mètres), et l'Oued el Gharbi, par les daya de Oum ed Dar (569 mètres), doivent être également considérés comme donnant lieu à des lignes de dépressions au travers de l'Erg, et comme aboutissant, au delà, au Gourara.

Il est probable, d'ailleurs, que la plupart des eaux que les gouttières ci-dessus apportent aux grandes dunes, se répartissent plutôt comme une sorte de large nappe, que sous forme de ligne d'eaux, au sein de ce massif perméable.

Mais cette nappe, tamisant sous les sables, ne s'en écoule pas moins vers le sud, en vertu de la pente générale, et toutes ces eaux doivent filtrer en aval, et se rendre, en majeure partie, dans la grande dépression du Gourara, dont elles alimentent les puits et les *feggara*. Une fraction arrive peut-être à l'Oued Messaoura, dont le Gourara doit dépendre, bien qu'un seuil sépare sans doute le bas-fond et l'oued.

Plus à l'ouest, d'autres oueds importants prennent leur source vers l'extrémité sud-ouest du massif montagneux des Ksour, dans des régions où l'on trouve des chiffres d'altitude de 2000 et 2200 mètres, et descendent le même versant saharien, mais dans une direction générale nord-sud. Les principaux sont : l'Oued Namous, qui passe par l'oasis d'El Outed (880 mètres), puis l'Oued Zouzfana, qui passe par la grande oasis de Figuig ; tous deux se rendent à l'Oued Messaoura, le premier, après avoir traversé l'Erg occidental, le second, en amont de la région des grandes dunes, à Igli.

L'Oued Messaoura qui, en amont d'Igli, porte le nom d'Oued Guir, et, en aval, dans le Touat, le nom d'Oued Messaoud, est la dernière et, de beaucoup, la plus grande artère du système hydrographique que nous examinons ici.

L'Oued Guir prend sa source au plus épais et au plus haut de l'important massif de montagnes de l'Atlas central marocain, dont les sommets s'élèvent à des altitudes comprises entre 3000 et 4000 mètres, et sont occupés par des neiges éternelles. La direction générale de l'Oued Guir, puis de l'Oued Messaoura, puis de l'Oued Messaoud, est du nord-ouest-nord au sud-est-sud, jusqu'à l'extrémité méridionale du Touat, soit sur 800 kilomètres de longueur. Le long de cette grande ligne d'eau, s'échelonnent de nombreux ksour, de grandes et nombreuses oasis.

Au delà, on connaît les remarquables travaux de M. Sabatier sur la géographie physique du Sahara central[1], travaux

1. C. Sabatier. — *Mémoire sur la géographie physique du Sahara central* (Société de géographie d'Oran, 1880).

d'après lesquels il semblerait que l'Oued Messaoud poursuit vers le sud, et que c'est là un affluent du Niger. Les conclusions de M. Sabatier sont : « Qu'à la sortie du Touat, après une disparition de courte durée sous les dunes, l'oued tourne au sud-sud-est, et aboutit à peu près à l'Oued Ahenet ou Aherer. Cet ouadi est un affluent de l'Oued Teghazert ou Tirhehert[1], qui, probablement, déverse ses eaux dans le Niger, ou, tout au moins, se perd dans un système de marais desséchés durant la saison chaude, et situés à peu de distance au nord du coude oriental du Niger. »

Un argument contraire que rencontre cette opinion, est tiré des chiffres d'altitude donnés par M. Rholfs, lequel, ainsi qu'on sait, a suivi l'Oued Messaoura et l'Oued Messaoud, depuis Igli jusqu'à Meharza, dans le Touat. Mais, après discussion et comparaison, il semble que, dans le cas particulier, les indications du baromètre anéroïde de cet explorateur soient sujettes à caution, et que les altitudes indiquées par lui, pour cette région, soient trop basses. A deux jours vers l'est, le même anéroïde donnait 137 mètres pour In Salah, où M. Soleillet a trouvé 267 mètres, soit une différence de 130 mètres. En prenant cette différence, et en relevant d'autant l'altitude de Meharza, on aurait, en ce point de l'Oued Messaoud, 235 mètres au lieu de 105 mètres, et alors la relation supposée de cet oued avec le Niger, à 800 kilomètres plus au sud, deviendrait vraisemblable. En effet, d'après l'altitude de 200 mètres, trouvée par M. Lenz à Tombouctou, on peut admettre que le Niger, à son coude oriental, est à une altitude d'à peu près 150 mètres.

1. Grand oued prenant naissance dans la partie méridionale du plateau du Mouydir, sur le versant occidental du massif montagneux du Ahaggar.

APPENDICE

Aperçu sur les eaux souterraines du Sahara.

En outre de ses lignes d'eaux superficielles, le Sahara algérien possède des eaux souterraines et artésiennes, dont le régime mériterait une étude spéciale, laquelle sortirait du cadre du présent travail, mais dont l'importance est trop grande pour que je ne les signale pas ici, au moins en quelques mots.

Les nappes d'eaux souterraines du Sahara algérien et tripolitain sont renfermées soit dans les terrains crétacés, soit dans les terrains récents d'atterrissement.

Les niveaux aquifères des terrains crétacés se trouvent aux alternances des couches perméables, en calcaires, ou parfois en grès, et des couches imperméables, généralement en marnes. Leur principale source d'alimentation est au nord, dans les massifs montagneux de l'Atlas, et surtout dans les grands massifs de l'Aurès et des Nememcha, où les eaux provenant des pluies et des neiges, s'infiltrent aux affleurements des couches perméables. Un certain appoint est également fourni par les pluies accidentelles qui tombent dans le Sahara même, à la surface des plateaux de calcaires ou de grès.

C'est au sein des couches crétacées que circulent, en quantité variable, les eaux qui, dans le haut Sahara algérien, filtrent dans les nombreux puits creusés au fond des vallées des Chebka du Mzab et du sud d'El Hassi, et celles qui coulent souterrainement, avec bruit, sous le plateau de Bou Noura, au Mzab, ainsi que celles qui, dans l'ouest du plateau tripolitain, jaillissent aux sources de Ghadamès.

En particulier, des nappes abondantes et artésiennes circulent dans les grands massifs crétacés des montagnes du nord, et, s'écoulant au sud, elles donnent lieu, au pied de ces massifs, et le long de la lisière nord du Sahara, d'une part, au sud-ouest de l'Aurès, à la série des belles sources, du Zab occidental et central, débitant ensemble environ 164 000 litres d'eau par minute, soit plus de $2^{m3},5$ par seconde, et au sud-est des Nememcha, à la série des sources encore plus belles du Djerid.

D'autre part, il existe des nappes aquifères dans les atterrissements sahariens, aux alternances perméables (grès, sables et limons) et imperméables (marnes, argiles et poudingues concrétionnés) de ces formations, aux allures lenticulaires et variables.

L'immense bassin d'atterrissement du chott Melrir ou du bas Sahara est, en même temps, un remarquable bassin artésien. Dans une communication récente à l'Académie des sciences, j'ai résumé les conclusions principales des observations et des études poursuivies par moi, depuis six ans, sur le régime des eaux artésiennes de ce bassin et, plus spécialement, sur les eaux artésiennes de l'Oued Rir'[1].

1. *Comptes rendus de l'Académie des sciences*, 14 septembre 1885.

L'alimentation des eaux artésiennes du bassin considéré se fait de deux manières. En premier lieu, les sols perméables absorbent, en partie, les eaux de pluie, les eaux courantes des vallées, à noter surtout pour les oueds qui descendent des montagnes du nord, et les eaux des sources qui jaillissent des terrains crétacés, à la lisière nord du Sahara : toutes ces eaux descendent et se distribuent, en vertu de la pesanteur, au sein des formations d'atterrissement, dont les dispositions les amènent à être ascendantes ou jaillissantes vers l'intérieur du bassin. En second lieu, d'autres sources, mais celles-ci souterraines, sortent des couches crétacées qui forment la cuvette sous-jacente, et jaillissent sous les terrains d'atterrissement, dans lesquels elles s'élèvent, s'épanouissent et se distribuent, en vertu de leur pression.

D'une manière générale, sur toute l'étendue du bassin d'atterrissement du chott Melrir, règne une nappe ascendante, d'un faible débit, qui remonte jusqu'auprès de la surface, par pression et par capillarité, et qui n'est située qu'à quelques mètres de profondeur; cette nappe épouse plus ou moins les ondulations du sol, et affleurant dans les dépressions, donne lieu aux sebkha et aux chotts.

C'est elle qui alimente les bassins situés au fond de certains entonnoirs naturels, tels que l'Aïn Taïba, le behar Ramada, etc., ainsi que les puits ordinaires à bascule de beaucoup d'oasis. Les palmiers des oasis du Souf baignent leurs pieds dans la nappe en question, laquelle semble plus abondante dans cette région, où les grandes dunes de sable contribuent à son alimentation.

Mais le bassin artésien du bas Sahara se fait surtout remarquer par les eaux jaillissantes, qui proviennent de zones aquifères souterraines : ces zones artésiennes ont une largeur restreinte par rapport à leur longueur, et sont plutôt comparables à des lignes d'eau qu'à des nappes.

En particulier, une artère artésienne de grand volume et de pression élevée, règne, en profondeur, à 65 mètres, en moyenne, sous la surface, à l'aplomb de la zone des bas-fonds de l'Oued Rir'. Elle est connue, sur une longueur de plus de 100 kilomètres, depuis Ourir, au nord, jusqu'à Tougourt, au sud. En maint endroit, l'eau sous pression s'est elle-même frayé passage jusqu'au jour, donnant lieu à des sources naturelles, qui alimentent les bassins souvent profonds des *behour* et les petits réservoirs des *chria*[1].

De nombreux sondages artésiens ont été pratiqués, depuis trente ans, dans l'Oued Rir', sous l'habile direction de M. l'ingénieur Jus. Au 1er octobre 1885, l'Oued Rir' comptait 114 puits jaillissants français, tubés en fer, 492 puits jaillissants indigènes, et 22 behour irrigant effectivement; le débit total d'irrigation était de 253 698 litres d'eau à la minute, soit 4 mètres cubes par seconde, à une température de 25°, 1. Le débit le plus élevé a été obtenu, dans la campagne de 1884, au sondage n° 4 de Sidi Amran : il atteint 6000 litres à la minute.

Une zone artésienne analogue, mais moins importante, règne sous le bas-fond de Ouargla. Elle doit exister avec continuité depuis Negoussa, au nord, jusque vers l'Aïn Sfa, au sud, soit sur une longueur de près de 25 kilomètres. L'oasis de Negoussa possède environ 37 puits jaillissants indigènes, débitant ensemble 850 litres à la minute; l'oasis de Ouargla et ses annexes comptent environ 316 puits jaillissants indigènes, qui débitent ensemble 50 290 litres d'eau par minute.

Des sondages ont été entrepris avec succès, depuis deux hivers, à Ouargla, sous la direction de M. le lieutenant A. Le Chatelier; d'après nos renseignements, le nombre des puits jaillissants déjà forés dans cet oasis et ses environs est de sept, dont six donnent chacun de 150 à 550 litres, et dont

1. *Behar*, mer, lac, gouffre. — *Chria*, nid.

G. Rolland. — *Sur les poissons, crabes et mollusques rejetés vivants par les puits jaillissants de l'Oued Rir'*, in *Comptes rendus de l'Académie des sciences*, 19 décembre 1881.

un atteint 1200 litres à la minute. En somme, ledébit total actuel de l'artère artésienne de Ouargla et de Negoussa approche de 1 mètre cube d'eau par seconde, à une température moyenne de 24°, 2.

Il sera intéressant de savoir jusqu'où cette artère artésienne se poursuit au sud de Ouargla ; je pense qu'elle règne sur une dizaine de kilomètres au delà de cette oasis, mais que, plus au sud, il serait illusoire d'espérer trouver des eaux jaillissantes dans le lit de l'Oued Mya.

On comprend tout l'intérêt que comporte l'étude des eaux artésiennes dans le bas Sahara algérien et tunisien.

L'Oued Rir' fournit un exemple éclatant du rôle bienfaisant que la sonde française peut accomplir dans le Sahara, tant au point de vue du développement des oasis existantes, de l'amélioration du sort des indigènes et de la pacification du Sud, qu'au point de vue de la création de nouvelles oasis par les européens et de l'extension de la colonisation française.

En 1856, les oasis de l'Oued Rir', au nombre de 33, étaient en complète décadence ; elles ne disposaient, pour leurs irrigations, que d'environ 58 000 litres d'eau par minute, et ne comptaient que 136 000 palmiers, pour la plupart vieux et d'un rapport médiocre.

Trente ans après, grâce aux sondages, le débit total des eaux disponibles a été porté à plus de 253 000 litres par minute ; toutes les anciennes plantations ont été renouvelées ; les oasis, au nombre de 43, sont prospères, et comptent 509 375 palmiers en plein rapport et environ 138 000 jeunes palmiers nouvellement plantés, de un à sept ans. La population indigène a plus que doublée. La valeur des oasis a plus que quintuplé.

Aujourd'hui l'initiative privée n'a pas craint d'entreprendre dans ces parages lointains, mais entièrement pacifiés, une œuvre féconde de création agricole. On trouve déjà dans l'Oued Rir' cinq centres principaux d'exploitation agricole, créés et gérés par des Français, savoir du nord au sud :

	NOMBRE de puits artésiens.	NOMBRE de palmiers nouvellement plantés.	ANNÉES des plantations.	PROPRIÉTAIRES.
Ourir.............	4	20.848	1882 à 1885	Société de Batna (Rolland et Cie).
Chria Saïah.......	1	4.000	1881	Comp. de l'Oued Rir' (Fau, Fourreau et Cie).
Tala em Mouïdi...	1	5.400	1879	Capitaine Ben Driss.
Goudiat Sidi Yahia.	2	13.597	1882 à 1885	Société de Batna.
Ayata.............	1	6.725	1884 et 1885	Société de Batna.

A elle seule, la Société agricole et industrielle de Batna, que j'ai fondée, il y a quelques années, avec MM. de Courcival, Thirion, Guilloux, etc., et dont M. Jus est le directeur, a percé sept puits artésiens et planté déjà plus de 40 000 palmiers.

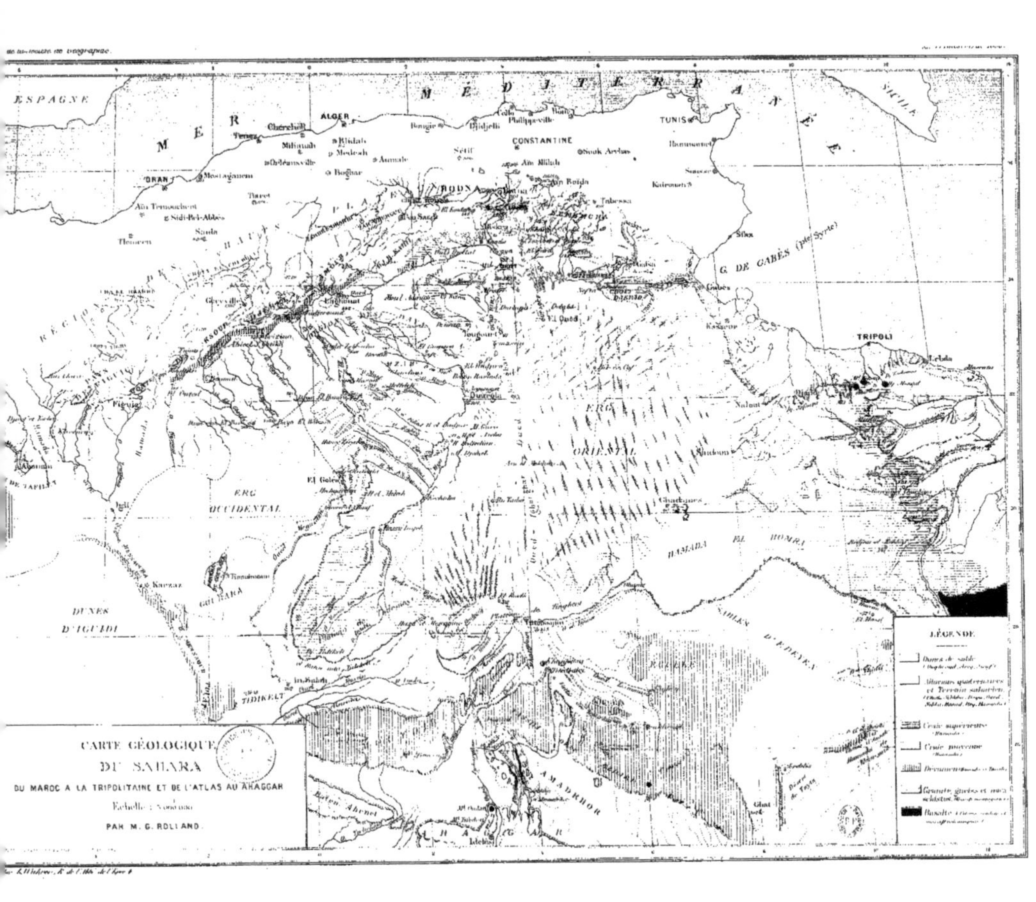

CARTE GÉOLOGIQUE DU SAHARA
DU MAROC A LA TRIPOLITAINE ET DE L'ATLAS AU AHAGGAR
Échelle :
PAR M. G. ROLLAND
ESPAGNE
MER MÉDITERRANÉE
SICILE
MER
ORAN
ALGER
CONSTANTINE
TUNIS
G. DE GABÈS (P^te Syrte)
TRIPOLI
Cherchell
Tenez
Milianah
Orléansville
Blidah
Medeah
Boghar
Aumale
Sétif
Bougie
Bidjelli
Philippeville
Hammamet
Sousse
Sfax
Mostaganem
Tiaret
Aïn Temouchent
Sidi-Bel-Abbès
Saïda
Tlemcen
Aïn Milah
Souk Ahras
Tebessa
Kairouan
Gabès
BATNA
Biskra
Figuig
Géryville
Ouargla
El Goléa
ERG OCCIDENTAL
ERG ORIENTAL
GOURARA
TIDIKELT
DUNES D'IGUIDI
HAMADA EL HOMRA
SABLES D'EDEYEN
AMADRHOR
Ghat
In Salah
LÉGENDE
Dunes de sable
Alluvions quaternaires et Terrain saharien
Craie supérieure
Craie moyenne
Dévonien
Granite, gneiss et micaschistes
Basalte

BOURLOTON. — Imprimeries réunies, B.